U0186244

3小时读懂你身边的化学

[日] 斋藤胜裕 著　桂玉梅 译

北京时代华文书局

图书在版编目（CIP）数据

3 小时读懂你身边的化学 /（日）斋藤胜裕著；桂玉梅译 .— 北京：北京时代华文书局，2022.6

ISBN 978-7-5699-4572-0

Ⅰ．① 3… Ⅱ．①斋… ②桂… Ⅲ．①化学－普及读物 Ⅳ．① 06-49

中国版本图书馆 CIP 数据核字（2022）第 047182 号

北京市版权局著作权合同登记号 图字：01-2021-3982

ZUKAI MIDIKANIAFURERU'KAGAKU'GA3JIKANDEWAKARUHON

First published in Japan in 2020 by ASUKA Publishing Inc.

Simplified Chinese translation rights arranged with ASUKA Publishing Inc.

through CREEK & RIVER CO.,LTD. and CREEK & RIVER SHANGHAI CO., Ltd.

3 小时读懂你身边的化学

3 XIAOSHI DUDONG NI SHENBIAN DE HUAXUE

著　　者 | [日] 斋藤胜裕

译　　者 | 桂玉梅

出 版 人 | 陈　涛

策划编辑 | 邢　楠

责任编辑 | 邢　楠

执行编辑 | 苗馨元

责任校对 | 初海龙

装帧设计 | 孙丽莉　段文辉

责任印制 | 訾　敬

出版发行 | 北京时代华文书局 http://www.bjsdsj.com.cn

北京市东城区安定门外大街 138 号皇城国际大厦 A 座 8 层

邮编：100011　电话：010-64263661　64261528

印　　刷 | 三河市航远印刷有限公司　电话：0316-3136836

（如发现印装质量问题，请与印刷厂联系调换）

开　　本 | 880 mm × 1230 mm　1/32　印　　张 | 7　字　　数 | 178 千字

版　　次 | 2022 年 8 月第 1 版　印　　次 | 2022 年 8 月第 1 次印刷

成品尺寸 | 145 mm × 210 mm

定　　价 | 43.80 元

序　言

我们的生活中充满了物质，没有物质的生活是无法想象的。

我们周围存在空气；每天都要使用水；身上有衣物蔽体；眼前摆着木质桌子，桌子上的计算机由众多零件组装而成，伸手就能碰到木头和石墨做的铅笔；吃饭时陶瓷的餐盘上摆放着种类繁多的食物；生病时吃的药：这些都是物质。不仅如此，人类自身就是物质的一部分。

物质会发生变化。菜刀会生锈，煤气灶中的燃气燃烧会形成红色的火苗并发热。花会盛开，我们也会成长。诸如此类，物质是会发生变化的，这是化学反应的结果。

本书旨在对我们周围的物质和它的变化进行趣味盎然、通俗易懂的解说。阅读本书并不需要具备化学知识基础。既不需要初中的化学知识，更不需要高中的。只要以阅读趣味性读物的心态阅读本书即可。

读完本书，相信你看世界的目光应该会发生变化吧，会明白以前司空见惯的事物和现象形成的原因是什么，又会发生怎样的变化。我们周围的环境以及自然现象变化在你眼里应该会变得更有趣和可爱吧。

如果读完本书能让你觉得开卷有益，我将不胜荣幸。

斋藤胜裕

2020 年 4 月

目 录

第一章 “生活”的化学

第二章 “餐桌”的化学

第三章 “药与毒”的化学

第四章 “空气”的化学

第五章 “水”的化学

第六章 “生命”的化学

第七章 “爆炸”的化学

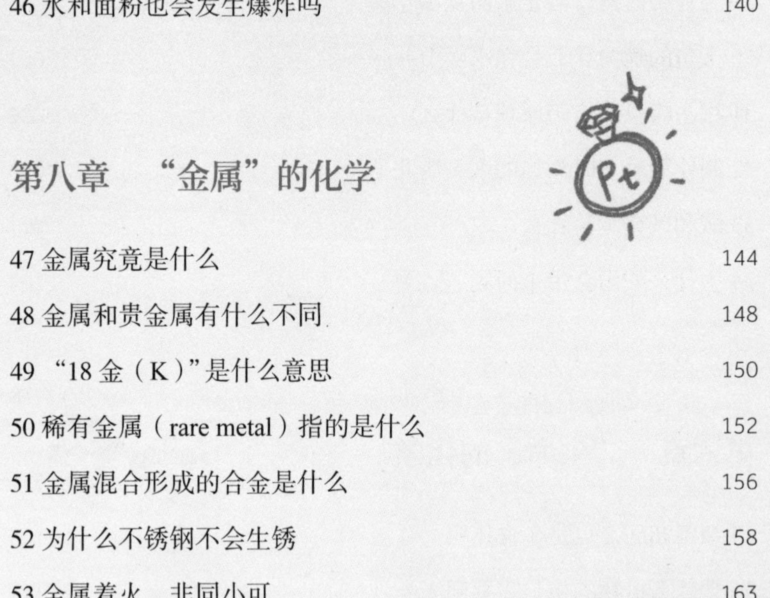

第八章 “金属”的化学

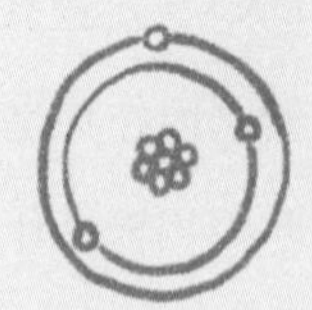

第九章 “原子和放射性”的化学

第十章 “能量”的化学

第一章

“生活”的化学

01 防水喷雾为什么危险

> 防水喷雾是我们应对梅雨季节的必备武器，但因为吸入了防水喷雾，而引起呼吸困难或者肺炎的事故也在不断增加。为什么防水喷雾会导致呼吸困难呢？

◎什么是防水喷雾

防水喷雾是为了防止水分浸湿衣服或鞋子，进而渗透到内部而研发出来的喷雾。如果仅仅是为了防水的话，随便涂一层橡胶就行了，但这样会容易闷汗，加剧不适感。因此一般是通过使衣服或鞋子的表面疏水，来达到防水的目的。这类防水喷雾叫作“泼水喷雾”。

泼水喷雾的组成成分有很多。首先是平底锅上经常会用到的氟系树脂或硅类树脂，其次是溶解这些树脂的溶剂（石油溶剂），如甲乙酮、醋酸乙酯、酒精等，然后将树脂分解为微小的粒子并喷洒在衣物表面，从而起到防水的作用。

另外，泼水喷雾中还添加有喷射液体的喷射剂、液化石油气和二甲醚等可燃石油气[①]。

① 以前添加的是氟利昂，由于氟利昂会造成臭氧空洞和温室效应，现已不使用氟利昂。

◎吸入后会对人体产生哪些影响

吸入防水喷雾后，其中的树脂成分会附着在肺细胞上。

这会造成氧气无法与肺细胞中运输氧气的血红蛋白结合，导致氧气无法被运输。因此哪怕是用力吸气，空气中的氧气也无法到达细胞中，细胞会因此窒息，结果就是出现呼吸困难、低氧血症。

具体的症状有发烧、恶心，稍微运动就感觉喘不上气。严重的情况下还会出现呼吸困难、意识障碍、视觉障碍和语言障碍等症状，需要尽快送去医院治疗。

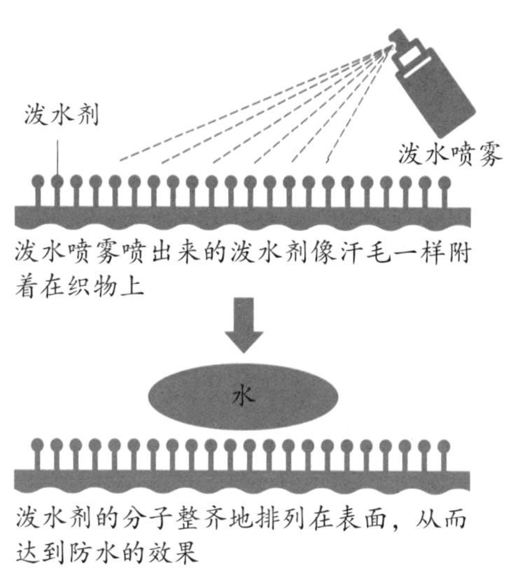

图 1-1 泼水喷雾的防水原理

◎防水喷雾注意事项

不仅是防水喷雾会造成上述的症状，衣服上用的防紫外线涂层喷雾同样也需要引起注意。

防水喷雾不仅仅有喷雾吸入的危险，而且喷雾罐喷出来的气体多是可燃性气体，如果对着火喷射的话，效果就如同喷火器一样，非常危险。喷雾要避免在离火源较近的地方或者浴室、玄关等狭窄的空间使用，尽量在院子或阳台上使用，使用时也要注意风向。

◎如何防止防水喷雾吸入事故

无论任何产品，在使用过程中如果不正确使用，都可能给健康带来危害。所以重要的是使用前要仔细阅读说明书，在完全理解的基础上正确使用产品。

特别是防水喷雾，一旦发生吸入事故，哪怕是健康的成年人很多情况下也需要进行住院治疗。因此，为了避免使用者以及周围的人发生吸入事故，在使用过程中要注意。

防水喷雾的使用注意事项

· 使用前仔细阅读产品说明，特别是“使用注意事项”的部分。
· 在通风良好的户外使用，使用时佩戴口罩。
· 使用前确认周围有无其他人，特别是儿童。

02 洁厕灵和漂白剂混合后为什么会危险

大家应该都看到过写有“危险 禁止混合”的标志吧，标志的意思是“把这两种物质混合起来会非常危险”。那你知道把什么和什么混合起来会发生危险吗，又会发生什么程度的危险吗？

◎曾用于战争的剧毒

洁厕灵中含有强酸——盐酸[①]（HCl），含氯漂白剂中含有氧化剂——次氯酸钾[②]（KClO），这两个混合在一起的话会发生以下反应，生成氯气（Cl_2）。因此不能把洁厕灵和含氯漂白剂混合在一起。

$$KClO+2HCl=KCl+H_2O+Cl_2$$

氯气是有毒的气体，在第一次世界大战中，德军曾在位于比利时西部的伊普尔使用该毒气，造成了约5000名士兵的死亡，其被

① 盐酸是氯化氢的水溶液，是代表性的酸之一。酸性较强，可跟多数金属发生化学反应，生成氢气。尿石、水垢等马桶的主要污渍的构成成分是钙，呈碱性，因此酸性清洁剂能够有效将其去除。

② 次氯酸钾的漂白能力非常强，无论什么颜色都可以漂褪色，因此不可用于彩色衣物。次氯酸钾也有杀菌、除臭的功效，因此也可用来净化水和给泳池除菌。

称为剧毒。

如果在厕所、浴室这类密闭的空间生成了Cl_2，后果将不堪设想，严重时甚至会危及生命。因此，绝对不可以把这两种物质混合在一起。

◎酸不可与含氯漂白剂混合在一起

含氯漂白剂的漂白原理是通过与待漂白物质接触后，缓慢释放出氧，在其作用下达到漂白的目的。只要是酸，无论哪种酸，和含氯漂白剂混合后都会产生氯气。

例如，每个家庭中都会有醋，或者打扫卫生时用到的柠檬酸等都是酸性。如果把它们和含氯漂白剂混合在一起的话，也会立刻生成氯气。

化学物质的危险也潜伏在意想不到的地方。假设，把使用了含氯漂白剂的洗衣水排放到浴室的水池里，然后又把腌渍梅干的料汁倒到厨房的水池中。这样一来，含氯漂白剂和料汁中的酸性物质就会在院子的下水道中混合，结果就是院子的某一个角落会有氯气生成。如果周围有孩子玩耍的话，后果将会非常严重。

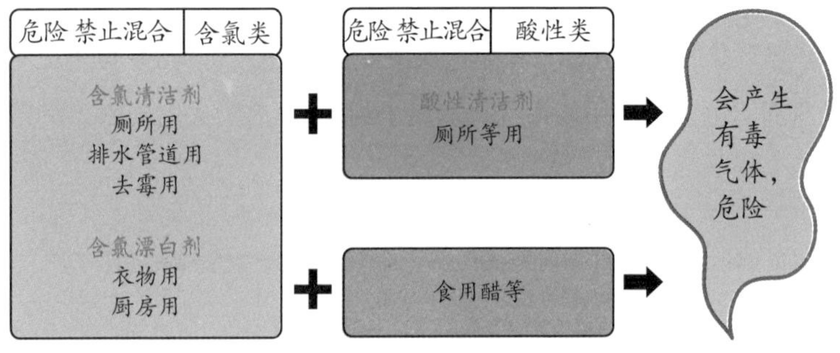

图 1-2 酸不可与含氯漂白剂混合在一起

◎危险性更高的混合

还有一种气体比氯气更加危险，那就是硫化氢（H_2S）。[①]硫化氢是硫和氢气的化合物，再没有比它更危险的气体了。

在温泉地区，经常会有股像鸡蛋腐烂了的气味，大家应该都闻到过，这就是硫化氢。虽然我们经常说火山气体或者硫黄泉等的气味有一股“硫黄味”，但其实硫黄本身是没有味道的，这里说的“硫黄味”指的是硫化氢的味道。

硫化氢主要产生在检修井、下水道、地下通道施工现场、水池内、温泉等地方。曾发生过救助人员没做任何防护措施就进入这些地方，结果自身晕倒的案例。气体浓度低的时候不会造成问题，但偶尔也会有在洼地聚集了大量的高浓度的硫化氢，造成重大死亡事故的情况发生。

表 1-1 硫化氢中毒的症状

硫化氢浓度	症状
0.05～0.1 ppm[②]	可闻到独特的气味（臭鸡蛋味）
50～150 ppm	出现嗅觉缺失，闻不到独特的味道
150～300 ppm	流泪、结膜炎、眼角膜浑浊、鼻炎、支气管炎、肺水肿
500 ppm 以上	意识模糊、死亡

① 仅 2008 年日本就超过 1000 人用硫化氢自杀。只要把每个家庭都有的两种非常常见的液体混合在一起，就能轻易制造出硫化氢。因为太过危险，所以在这里不写明是哪两种液体。正是因为不断有人模仿网络上流传的内容，才造成了现在的情况。

② 1 ppm=1 mg/L。

03 小苏打和柠檬酸是如何去除污渍的

清洁剂一般指的要么是中性清洁剂，要么是魔术灵[①]或者去污粉。但最近大家发现小苏打和柠檬酸也能有效去除污渍，那这个原理是什么呢？

◎小苏打是碱

小苏打和柠檬酸，只要使用方法得当，都是去污能力非常优秀的好东西。但两者是完全不同的物质，需要搭配各自适用的使用方法。

小苏打的学名是碳酸氢钠（$NaHCO_3$）。相似的还有同样是用于去污的纯碱即碳酸钠（Na_2CO_3）和倍半碱，即碳酸氢三钠（$Na_2CO_3 \cdot NaHCO_3 \cdot 2H_2O$）。倍半碱是纯碱和小苏打的1∶1混合物。

上面这三种物质都是碱性，使用时可能会对手部造成伤害，因此建议使用时佩戴橡胶手套。碱性的强弱，也代表去污能力的高低。

> **碱性的强弱（去污能力的高低）：** 纯碱 > 倍半碱 > 小苏打

① 魔术灵：Magiclean，是日本日用品品牌花王旗下的家居清洁剂品牌，包含厨房系列、浴厕系列、玻璃系列、地板系列、水管系列等。——译者注

◎柠檬酸是酸

相较于小苏打，柠檬酸正如它的名字所示，是酸。柠檬等柑橘类水果或梅干中含有的酸就是柠檬酸。

酸中最被人熟知的是食用醋中含有的醋酸（CH_3COOH）。有机酸中，发挥着酸的作用的是COOH这个原子团。

这个原子团醋酸只有一个，但柠檬酸有三个①。因此柠檬酸是比醋酸酸性更强的酸，它的去污效果也更明显，但也更有可能对手部造成伤害，因此建议使用时佩戴橡胶手套。

◎去除污渍

污渍一般分为酸性污渍和碱性污渍。酸性污渍包括油污、皮脂污渍、厨余垃圾类、衣物污渍、体臭等，碱性污渍中具有代表性的是马桶的污垢。

酸性的污垢，用碱性的清洁剂中和，使其成为水溶性后就非常容易去除。小苏打是比较硬的颗粒状物质，用小苏打去污还可以达到去污粉那样的研磨效果。

另一方面，柠檬酸去水垢的效果较为明显，能有效去除浴室镜子上沾的鱼鳞状的污渍。鱼鳞状污渍的成分是钙等金属，酸的COOH原子团可以和这些金属发生反应，从而去除污渍。

---

① 相当于有三只剥离污渍的“小手”，跟螃蟹用两只钳子夹住猎物类似，因此也被称为“chelate effect”（螯合效应）。“chelate”一词在希腊语中的意思是“螃蟹的钳子”。

表 1-2 小苏打、倍半碱、柠檬酸的推荐区分使用

	小苏打	倍半碱	柠檬酸
能有效去除的污渍	油污、皮脂污渍	油污、皮脂污渍	水垢
pH	碱性非常弱	弱碱性	弱酸性
水溶性	○	◎	○
黏腻的油污	○	◎	×
衣物清洗	○	◎	○ 作为柔顺剂使用
厨具清洁	○	◎	○ 用于清洁洗碗机内部
去除锅的焦煳污垢	◎	○	×
研磨效果（去污粉）	◎	×	×
除臭效果（汗味、鞋子异味等）	◎	◎	×
水池水垢	×	×	◎
杀菌	◎	◎	◎
血液污渍	×	◎	×

注：○：代表效果一般
◎：代表效果好
×：代表没有效果

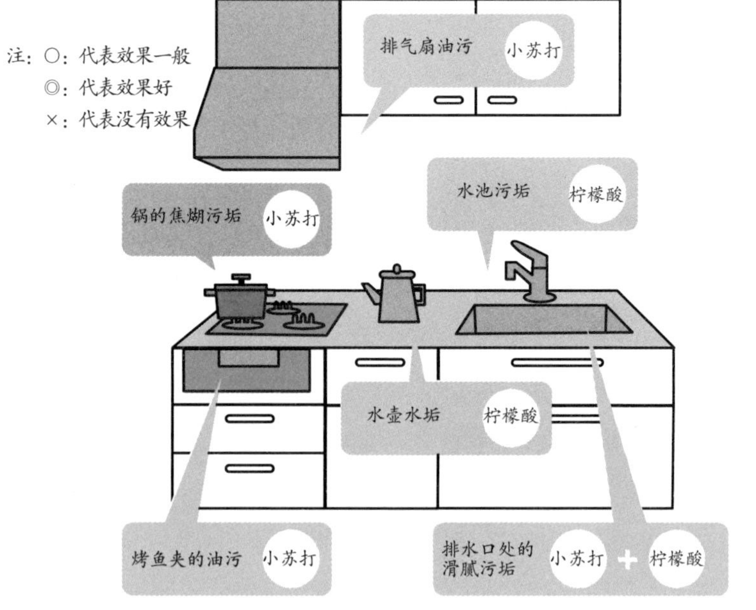

图 1-3 厨房去污使用剂

04 漂白剂为什么可以把布料变白

普通的清洁剂很难去除衣服上的黄斑，但漂白剂可以有效去除，那漂白剂是如何把衣服变白的？让我们一起看下原理吧。

◎污渍的原因不明

衣服污渍的形成原因很复杂，其实大多数污渍的形成原因都还是未解之谜。特别是衣服颜色变暗沉的原因探究起来非常困难。

但我们已经基本上明确了色彩的原理。色彩是分子间一种特殊的化学结合，共轭双键结合导致的。共轭双键是单键和双键相间结合的一种结合方式。

有这种结合的化合物多数带有颜色，结合的长度不同，颜色也不同，当然如果结合过短的话也没有颜色。结合长度适当的话，会呈现出黄色、橙色、红色、绿色、蓝色等颜色。

◎漂白的原理

因此，衣服颜色暗沉的原因有可能就是有共轭双键结合的化合物（污渍化合物）附着在衣服上导致的，如果是这样的话，有两种解决办法：第一种是把污渍化合物冲洗掉；第二种则是破坏污渍化合物的共轭双键结合。

一般的衣物清洁剂多是通过第一种方法，将污渍冲洗掉，使衣服重获新生。但如果结果不尽如人意的话，就需要第二种方法——破坏法，也就是漂白剂登场了。漂白剂可以破坏污渍分子的共轭双键结合，方法简单，可以分为以下两种类型。

分别是含有次氯酸钠的氯漂白剂和含有连二亚硫酸钠的漂白剂，这两种是市场上比较常见的。两种方法都很有效，使用时根据污渍的种类以及衣物的材料进行选择。

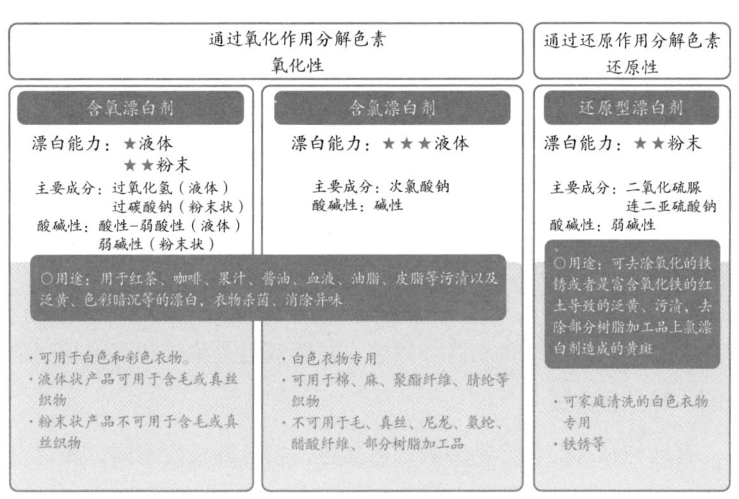

图 1-4 漂白剂的种类

漂白方法

①氧化性漂白：双键与氧发生反应，变成单键结合。通过这种方法，共轭双键断裂成 2 个。

②还原性漂白：双键与氢发生反应，造成共轭双键的断裂。

◎荧光染料

除上述方法外，还可以用荧光染料漂白。荧光染料是吸收太阳的紫外线，反射出蓝白色光的染料，成分为秦皮甲素，是 1929 年在七叶树中发现的。

单独使用，或者混合使用上面的几种方法，可以使大多数发黄的面料重获新生，让它们恢复最初的白色。

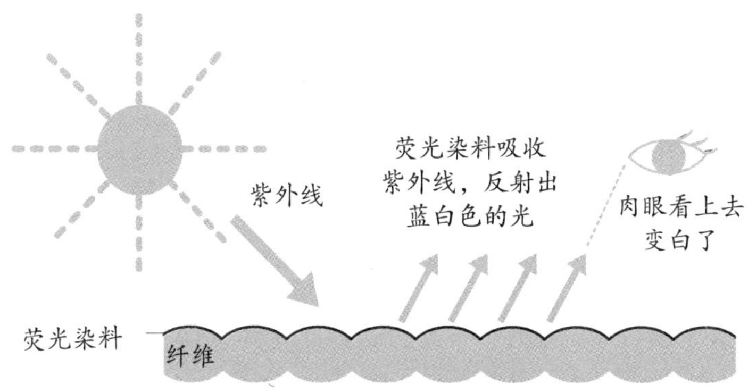

图 1-5 荧光染料的原理

05 “病屋综合征”是什么病

> “病屋综合征”从2000年前后开始引起人们的重视，指的是人入住新房子后，心情变得抑郁、健康欠佳的状况。这究竟是什么原因造成的呢？

◎病屋综合征

“病屋综合征”指的是新房子等引起的乏力、头疼、湿疹、呼吸系统疾病等一系列健康问题的总称。不仅是新房子，新汽车也会引起同样的问题。但不可思议的是，旧房子或者旧汽车就不会引起这些症状，为什么只有新的会造成这些症状呢？

“病屋综合征”是挥发性有机化合物（VOC）造成的。也就是说，新的建筑材料、建筑胶、涂料、新汽车的内饰产品等挥发出来的VOC气体才是真正原因。

旧房子或者旧车，VOC气体已经挥发完了，没有新挥发出VOC气体就不会造成伤害。并且受害人大多对化学物质敏感，通常被称为化学物质过敏体质人群[①]。

① 对各种各样的微量化学物质都有反应，且深受其扰的“环境病”，严重的情况下，甚至会无法正常生活。

◎甲醛

VOC气体有很多种，建筑材料和装修用材中含有的毒性较强的是甲醛（HCHO或CH_2O）这种物质。

顺便说一下，浓度40%左右的甲醛水溶液叫作福尔马林。大家在学校的理科实验室里，应该都看到过装在广口的玻璃瓶中，泡得发白的蛇或者青蛙的标本吧。玻璃瓶中装的没有颜色的水一样的液体就是福尔马林。福尔马林是有毒物质，可以硬化并凝固蛋白质。哪怕不是化学物质过敏体质的人吸入了甲醛，也会出现身体不适。

◎甲醛是塑料的原料

塑料有两种：一种是加热后变软的热塑性树脂，如聚乙烯。一种是加热也不会变软的热硬性树脂，锅把手等使用的就是热硬性树脂。

甲醛是这种热硬性树脂的原材料，说是原材料，其实只是化学反应的原材料，反应结束后会变成完全不同的其他物质，也不再具有毒性。

但是，产品中会残存极少量的未发生反应的原材料，这些未反应的原材料会缓慢地释放出甲醛。热硬性塑料还可以用于胶合板等的黏合剂，因此，新房子才会被各种VOC充斥着，对入住的人造成健康损害。

但最近科研人员也在开发不含甲醛的建材和黏合剂，“病屋综合征”的危害在不断减轻。

06 什么是塑料

在我们的周围塑料处处可见，大多数家用电器的外壳都是塑料，我们的衣服也是化纤（塑料的一种）制成的。

◎塑料=高分子

塑料一般被称为高分子，高分子指的是分子量大，即数量众多的原子组合成的大分子的意思。

但是高分子并不仅仅意味着分子个头很大，而是指分子是由成千上万个非常小的单位分子（原子）结合而成的。这里可以想象下锁链，锁链虽然非常长，但它的组成单位是一个个简单的小圆环，长的锁链甚至需要几万个小圆环连在一起。

◎Polyethylene[①]（聚乙烯）的结构

化合物的名字是根据希腊语的数词定的。“Polyethylene”的“Poly”是非常多的意思，因此，Polyethylene是非常多的乙烯聚合起来的意思。乙烯的分子式是C_2H_4，分子结构非常简单。

乙烯的分子结构虽然简单，但它是生物学中作用非常重要的一个分子，那就是植物的催熟荷尔蒙。还没成熟就被采摘下来的香

① 中文叫作聚乙烯，为方便下文对名字来源的解释，此处用英文表述。——译者注

蕉，在运输途中让香蕉吸收乙烯，香蕉很快就变成熟透的黄色。聚乙烯是1万多个这样的乙烯分子连接起来的很长的大分子。

原子间的结合可以用线来表示，一根线（单键结合）可以看作是原子之间的握手，因此用两根线表示的碳原子之间的结合可以看作是原子间伸出双手，互相握手。制作聚乙烯时，松开碳原子其中的一个握手，并和相邻的乙烯分子结合。像这样结合不断延伸，最终1万多个乙烯分子结合在了一起。

1万个C_2H_4结合在一起也就意味着2万个单位CH_2连接在了一起。

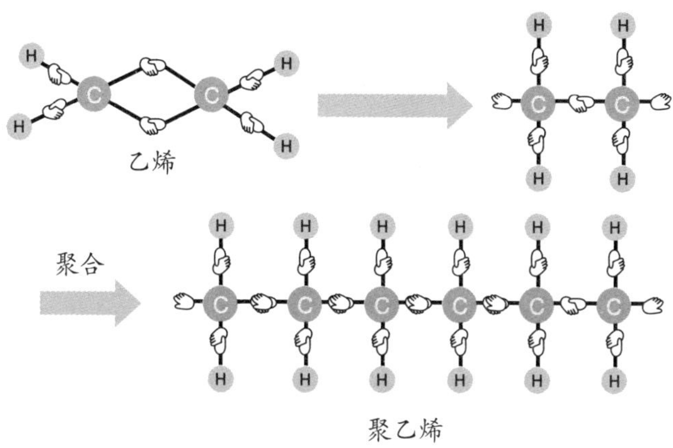

图1-6 聚乙烯的聚合

◎城市燃气、石油、凡士林、聚乙烯都是兄弟

城市燃气是天然气，它的主要成分是甲烷，分子式为CH_4，也就是说每个甲烷分子有1个碳原子、4个氢原子。同样是气体燃料的丙烷分子式为$CH_3CH_2CH_3$，每个分子有3个碳原子，打火机里

的燃料丁烷分子式是$CH_3CH_2CH_2CH_3$，每个分子有 4 个碳原子。

像这样不断增加碳原子的数量，气体会逐渐变成液体，碳原子数量有 6 ~ 10 个时是汽油，8 ~ 12 个时变成煤油，碳原子数量增加到 20 个左右时就变成了固体的凡士林，增加到 1 万个左右时就变成了硬度跟玻璃一样的聚乙烯。

因此上面的这些物质虽然碳原子的数量不同，但都是同一物质家族的兄弟。

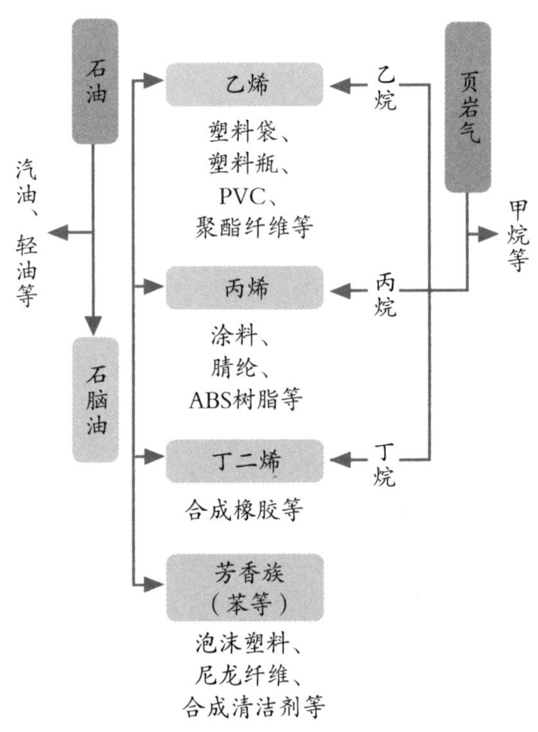

图 1-7 主要的化学品制造过程和用途

07 纸尿裤为什么可以大量吸水

我们平常用的抹布可以吸收2~3倍自身重量的水，但纸尿裤可以吸收1000倍自身重量左右的水，这究竟是什么原理呢？

◎高吸水树脂的锁水能力

纸尿裤的吸水部分是用高吸水树脂（高吸水聚合物，SAP）这种塑料制作成的。这种树脂多的时候可以吸收自身重量1000倍左右的水分，之所以能吸收如此多的水分，秘密就在于它的分子结构。

同样是树脂（塑料），聚乙烯的分子结构像一条很长的线，但高吸水树脂的分子结构就像是把这条线上的很多点都连在了一起，是连续的立体笼子状结构。因此被吸收的水分被锁在了“笼子”中，轻易不会滴落。这就是高吸水树脂锁水能力的秘密之一。

◎扩大“笼子”结构

仅仅如此的话，并不能解释它高达自身重量1000倍左右的锁水能力。高吸水树脂的分子到处连接有COONa这个基团（取代基），树脂吸水后，该原子团分解（电解）成带负电荷的COO^-基团和带正电荷的Na^+基团。

结果就是树脂中的COO^-基团之间产生静电排斥力，在静电排斥力的作用下“笼子”的容积不断扩大。容积越大越能吸收更多的水，就能电解出越多的COO^-基团，从而又能吸收更多的水，不断地重复这个过程，就能不断地吸收水分。

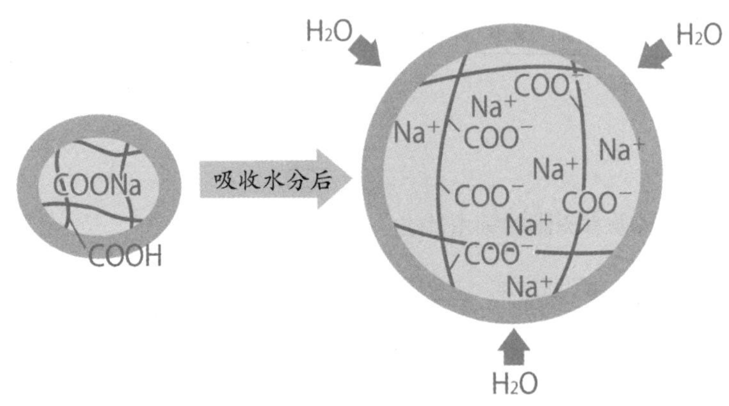

图 1–8 高吸水树脂的吸水原理

高吸水树脂能够不断地吸水是渗透压的缘故。高吸水树脂粒子内部有Na^+离子游移，内部的浓度较高，与外部的水之间有浓度差，因此能够不断地向内部吸收水分。

◎沙漠变绿洲

高吸水树脂不仅仅可以用在纸尿裤上，现在备受瞩目的用途是用它在沙漠里种树，绿化沙漠。在沙漠里埋上高吸水树脂，让树脂吸收水分后再在上面种树。

树木可以靠吸收高吸水树脂积蓄的水分成长，当然这些水早晚会有用完的一天，但至少可以大幅降低浇水的频率，并且树木还可以吸收偶尔的暴风雨天气带来的降水。

现在占地球上陆地面积 1/3 的地区是水分蒸发量大于降水量的沙漠地带，据悉每年有相当于日本面积 1/4 的土地成为新的沙漠，希望高吸水树脂能够成为阻止土地沙化的手段之一。

◎日本企业占高份额

2018 年全球高吸水树脂的年需求量是 300 万吨，其中日本生产的触媒类产品约占 20%，生产份额位居全球第一。随着各国经济的发展和老龄化的加剧，纸尿裤的需求不断增加，据悉每年以 5%~7% 的比例持续增长。随着纸尿裤的品质不断提高，不断向轻薄化发展，相信未来SAP的利用率也会越来越高。

领域	用途
卫生用品	纸尿裤、卫生巾
农业・园艺	土壤保水剂、育苗垫
食品・运输	冰袋
日常用品	暖宝宝贴
宠物用品	宠物尿垫
医用品	废弃血液凝固剂

图 1-9 SAP的主要用途

08 形状记忆内衣的原理是什么

你知道吗，有这样一种神奇的塑料，圆盘状时用吹风机加热后，边缘会慢慢翘起，自动变形成四周高中间低的汤盘状。

◎形状记忆的原理

有这样一种塑料，圆盘状态下，加热塑料板的边缘后，它会“想起”以前的形状，变成（恢复成）汤盘状。这种会记忆自己以前形状的高分子叫形状记忆高分子。

形状记忆高分子记忆形状的关键在于分子的三维网状结构。

形状记忆的原理

①首先用分子结构是网状的塑料制作一个汤盘，这时，该塑料会记住汤盘的形状。也就是说，三维网状结构和汤盘的结构一体化了。

②然后加热汤盘，使其软化。

③用高压压软化的汤盘，强制压成圆盘状。

④最后在这个状态下冷却。被冷却的高分子发生固化，形状固定在圆盘状。但这个状态下，三维网状结构并没有和圆盘结构一体化，只是被迫变成了圆盘状。

⑤加热圆盘，圆盘会变软，塑料就恢复成了最初的汤盘状。

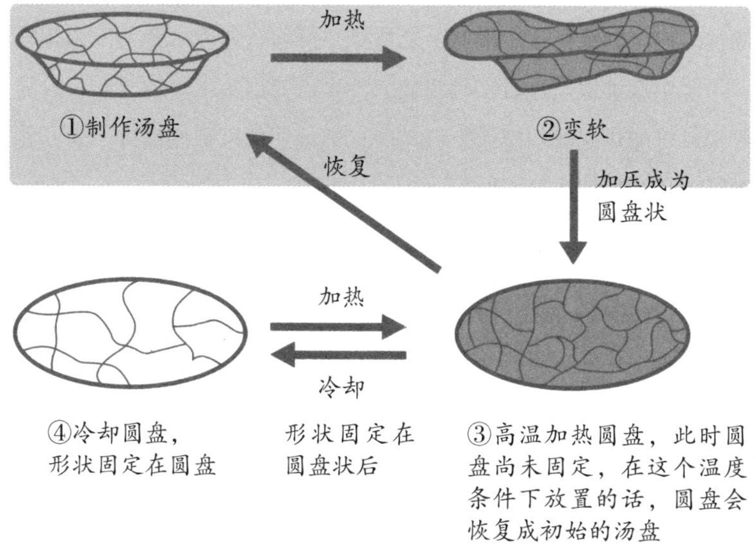

图 1-10 形状记忆的原理

◎形状记忆高分子的用途

形状记忆高分子的用途非常广泛，最广为人知的就是内衣。为了保持内衣漂亮的杯型，内衣下缘用的就是高分子材料。洗涤内衣时，杯型会被破坏，但穿在身后上，受体温影响，材料会回想起自己原本的形状，也就是漂亮的圆形，并恢复到初始的形状。

此外还有形状记忆金属这种金属材料。以前内衣下缘也用过形状记忆金属材料，但塑料材料的穿戴感更为舒适，因此近年基本上都采用的是塑料材料。

但像眼镜框这种要求机械强度高的产品用到的就是形状记忆金属。金属和有机物（塑料）能够在同一领域竞争，这正是现代科学的象征性代表。

除此之外，还有容易拆解的螺旋夹。首先制作一个没有螺纹的螺丝，让材料记忆这个形状。之后加热螺丝，并放入模具中制作螺纹。使用这种螺丝进行工具组装，不再需要这个工具的时候，只需要吹风机加热螺丝，螺纹就会消失，螺丝就可以顺畅地拆下来，就能轻而易举地把工具拆解开。

09 钻石和炭是同一种物质，真的吗

炭浑身黑黝黝的，易断又易开裂，但钻石却是像玻璃那样无色透明的，被称为是物质中最为坚硬的东西，这两个是同一种物质，这究竟是怎么一回事？

◎成分都是碳元素

钻石和炭当然不是同一个东西，两者是完全不同的物质。但是它们有个共同点，那就是成分都是碳元素。自然界中还有很多类似的物质。

例如，氧分子和臭氧分子虽然是完全不同的物质（气体），但它们都是由氧原子构成的，氧的分子式是O_2，由两个氧原子组成；臭氧的分子式是O_3，是由三个氧原子构成。像这种由同一种原子组成，但性质不同的物质叫同素异形体。

碳的同素异形体有很多，像炭、石墨、钻石都是。除此之外，20 世纪末发现的足球状的球形富勒烯（C_{60}）和长筒状的碳纳米管都是由单一碳元素组成的。因此，炭、钻石、碳纳米管这些物质燃烧后都会变成二氧化碳（CO_2）。

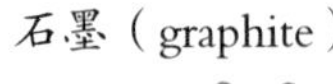

钻石

富勒烯（C_{60}）

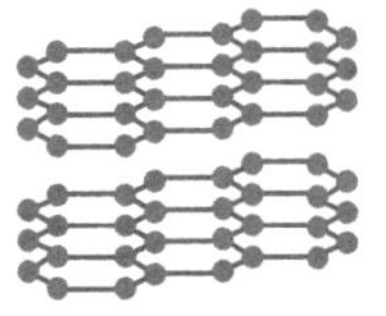

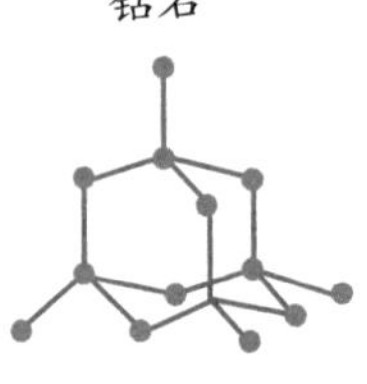

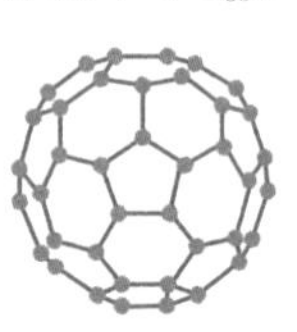

片层状，片层可剥离，可用于电极等

世界上最硬的物质，可用于宝石、玻璃刀等

足球状的球形分子，可用于化妆品等，直径 0.7 mm

图 1-11 碳的同素异形体

◎炭变成了钻石

1955 年，人类首次人工合成了钻石。美国的通用电气公司（GE）利用金属溶剂，在温度为 1200 ℃ ~ 2400 ℃、压力为 5.5 万 ~ 10 万大气压①的条件下，用原材料石墨（graphite）成功合成了钻石。

之后，钻石的合成技术不断发展，到了 1996 年，合成钻石的产量已经达到了 4000 万克拉②，几乎与用于工业用途的天然钻石的产量 4400 万克拉持平。

合成初期，得到的钻石颜色不透明，带黄褐色，但因为硬度与

① 1 标准大气压（atm）=101325 帕斯卡（Pa）。

② 1 克拉 =200 毫克。

天然钻石一样，所以专门用于研磨材料和切割材料上。

◎璀璨夺目的合成钻石

现如今，人类不仅可以生产出跟天然钻石毫无二致的璀璨夺目的透明钻石，还可以生产出着了色的蓝色、粉色合成钻石。[①]不仅如此，甚至还开发出了可以把宠物或者逝世的人的头发、骨灰做成钻石的技术。有观点称，随着钻石的合成技术的普及，终有一天钻石的市场价格会大跌。

◎富勒烯的用途

富勒烯是在 1985 年由克罗托、斯莫利、柯尔[②]发现的，三人在 1996 年获得了诺贝尔化学奖。当时富勒烯是通过碳素电极电弧放电合成的，1 克的价格高达 100 万日元，现如今富勒烯已经可以进行以吨为单位的大量生产了。

富勒烯的用途非常广泛，主要可以用于有机EL[③]、有机太阳电池的有机半导体材料等科学领域中，也可用于个人护理用途，因为富勒烯有去除活性氧的作用，因此可以添加到化妆品中，甚至还可以添加到润滑油中等。

---

① 合成钻石的市场销售价格要比天然钻石便宜，因此有些企业会进行激光刻印，打上序列号，与天然钻石加以区别。

② 全名：Harold W. Kroto、Richard E. Smalley、Robert Curl.——译者注

③ 有机 EL 是 Organic Electro-Luminescence 的简称，意思是有机发光的电子板。定义虽然很笼统，但是包含范围非常广，如有机发光二极管，发光聚合物等利用物理发光现象的所有有机物的统称。

专栏 “纯净物”

我们的周围有着数不胜数的物质存在，大部分物质都是几种物质混在一起的“混合物”，仅仅由一种物质组成的纯净物的数量屈指可数。更严谨点讲的话，世界上不存在完全纯净物，我们以“接近纯净”物质来指代。

首先水是“接近纯净”物质的代表之一，但空气不是“接近纯净”物质。空气是氮气和氧气的混合物。调料也是纯度比较高的物质，食盐的氯化钠含量高达 99%，此外，砂糖的纯度也非常高，特别是白砂糖和冰糖，纯度接近 100%。味精的纯度也接近 100%，无水乙醇纯度也高达 99.5%。有可能进入人类嘴巴的高纯度物质大概就是以上几种。

除此之外，纯度较高的物质就是硬币了。1 日元硬币材质是铝，纯度 100%，10 日元硬币是青铜，是铜和锡的合金，铜的含量高达 95%。

金银珠宝中，金制品上刻有 24 K 的刻印的话，意味着 100% 纯金，铂金上有 Pt1000 刻印的话，也意味着 100% 纯铂金。钻石单一由碳组成，红宝石、蓝宝石单一由氧化铝组成，而水晶产品单一由二氧化硅组成。

由此可见，纯净物其实比我们想象的要少。

第二章

“餐桌”的化学

10 什么是食品添加剂

市场上销售的加工食品中或多或少都含有食品添加剂。这些食品添加剂有些是为了提升食品味道，有些是为了美化食品外观，有些是为了使食物保存时间更长。

◎什么是食品添加剂

食品添加剂是食品在制造过程中，因食品的加工或保存需求，向食品中添加或混合进去的物质。在日本，食品的加工、保存、调味过程中使用的调味料、防腐剂、着色剂等，总称为食品添加剂①。

◎改善食品味道和口感的添加剂

香料是食品添加剂的代表之一。

香料可以激起人的食欲，但是天然香料价格高昂，因此会使用人工制作的合成香料。合成香料有两种：一种是人工合成天然的香料，像人工合成香草的香草醛或者是薄荷的薄荷醇等，还有一种是合成天然香料中没有的人工香料。

乳化剂和增稠剂可以影响食物的口感。

---

① 在日本，食品添加剂只可使用日本厚生劳动大臣批准使用的产品，其安全性和有效性经过科学验证。

乳化剂（脂肪酸酯等）可以使原本不互溶的物质，如水和油，混合在一起后发生乳化。增稠剂（海藻酸钠等）可以给食物带来顺滑的口感和黏稠度。

◎改善外观的添加剂

改善食物外观（看起来的样子）的添加剂也有很多。如能够漂白去除天然产物自带的黄褐色的添加剂（亚硫酸钠等）；可以给火腿发色，让火腿保持红色的添加剂（亚硝酸钠等）等。

给食物上色的着色剂中，也有天然产物，如栀子（着黄色）、红花（着红色）、胡萝卜素（着橙色）。但这些产物价格高昂不说，有时发色也不够鲜艳，因此通常会使用人工合成着色剂。

人工合成着色剂被批准的有 14 种，其中 12 种是焦油系色素，焦油系色素的结构中含有很多被称为“Kamenoko”[①]的苯环构造。一般含有苯环构造的化合物具有致癌性，被公开批准的着色剂都经过了严格的检查。

◎改善食物保存时间的添加剂

杀菌剂可以杀死有害的细菌，是作用效果比较强的添加剂。用于下水道杀菌的次氯酸钠（NaClO），消毒用的双氧水（H_2O_2），臭氧（O_3）都属于这一类。

比杀菌剂的作用效果稍微弱一点的是防腐剂。防腐剂可以防止细菌的增殖，常用的有安息香酸、山梨酸，虽然它们都是天然产

① Kamenoko：原文写作“カメノコ”，意思是小乌龟，因苯环的形状是六边形，形似乌龟。——译者注

物，但现在市面上用得最多的是人工量产合成的这两种物质。此外，微生物产生的丙酸具有抑制霉菌繁殖的效果，多用于奶酪、面包、西式点心等。

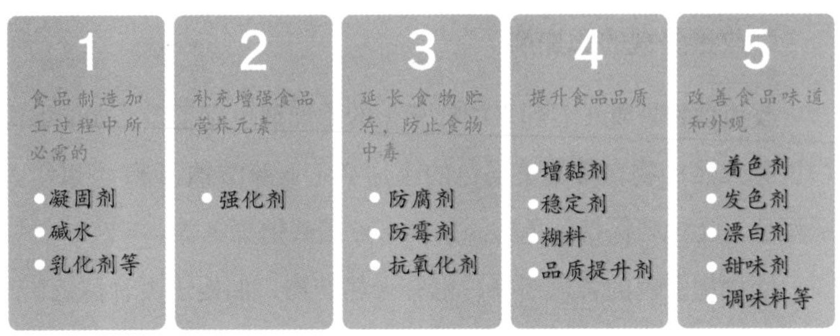

图 2-1 食品添加剂的种类

◎无添加就是安全?

添加剂是我们的日常饮食中不可或缺的一部分，但是，相当一部分人觉得标有“不使用防腐剂”“无添加”字样的食品更加放心、安全，对人体好。

但是，没有科学依据表明，无添加的食品更加安全，也并没有针对“无添加”标志的行政法规标准。因此，我们没有必要过度恐惧添加剂，只需要学会跟添加剂和平共处就好。

11 人工甜味剂是什么

> 味觉有五种，甜味、咸味、酸味、苦味和鲜味（Umami）[①]。其中，甜味据说能给人带来放松感和幸福感，是很多人的挚爱。

◎甜味能给人带来幸福感?

“味道”不仅包含是否美味这一层含义，还有很多其他信息。例如，咸味重可能是含有有毒的金属成分，酸味强可能是含有植物的腐烂成分。

但是，甜味就不含这种警告意味。甜的东西通常是美味的，是能给人类带来幸福感的。

◎比砂糖还要甜350倍的物质——糖精

一提起甜的东西，第一个浮现在我们脑海中的肯定是砂糖（蔗糖），天然的甜味物质种类有很多，如蜂蜜、水果、甘酒[②]等。

随着化学研究的进步，人们发现除了这些自然界中存在的天然

---

① Umami是东京帝国大学教授池田菊苗于1908年从海带汤中发现的一种新味道，在此之前，日本人认为味道只有甜、咸、酸、苦这四种。Umami的主要代表物质有谷氨酸、肌苷酸等。——译者注

② 甘酒为日本传统饮品，为大米发酵产品，有两种类型：一种是传统的米曲甘酒，完全不含酒精；一种是酒糟甘酒，含有少量的酒精。传统的米曲甘酒为蒸熟的大米用米曲发酵而成，酒糟甘酒在米曲发酵的基础上又进行了酵母发酵。

甜味物质之外，还有更加甜的化学物质存在。第一个被发现的就是糖精。糖精诞生于 1878 年，它的甜味令人惊叹，高达砂糖的 350 倍。

糖精在物资匮乏的第一次世界大战时期，销量惊人，但之后被指出有致癌性，在 1977 年被禁止使用了。但在 1991 年时，人们发现糖精并没有致癌性。现在糖精低卡的特点引起了人们的关注，被用来当作减脂餐或可供糖尿病患者食用的甜味成分。

◎最甜的物质Lugduname[1]

除糖精以外，各种人工甜味剂也陆续登场。其中，甜蜜素和甘素因为对人体有害，而未被用在食品添加剂领域。

看完饮料瓶上标注的成分表后会发现，成分表上写着阿斯巴甜（甜度是砂糖的 200 倍）、安蜜赛（甜度同样是砂糖的 200 倍）、或者是蔗糖素（甜度是砂糖的 600 倍）等这些陌生的字眼。下面会列出这几种物质的分子结构以供大家参考。

另外，现在已知的世界上最甜的物质是Lugduname，据估计它的甜度是砂糖的 30 万倍。但现在这种物质并没有实际应用到产品中去。

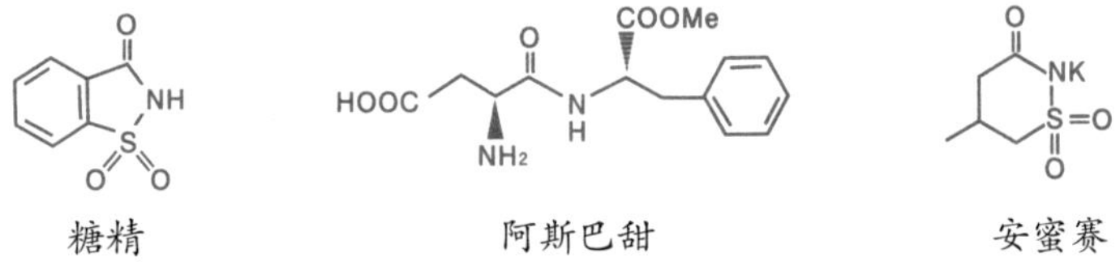

糖精　　阿斯巴甜　　安蜜赛

图 2-2 糖精、阿斯巴甜、安蜜赛的分子结构

① Lugduname 属于甜度极高的胍基羧酸类，名称源自拉丁语 Lugdunum，意为“里昂”，1996 年由法国里昂大学研究人员研制而得。

下面我们再看下蔗糖素的分子结构。蔗糖素不光名称和蔗糖相近，分子结构也相近。不同的是蔗糖的 3 个OH原子团被置换成了氯原子（Cl）。这客观地证实了蔗糖素和DDT、BHC（两个都是杀虫剂）一样，都是有机氯化合物。据说蔗糖素加热到 120 ℃ 以上后会生成氯气。

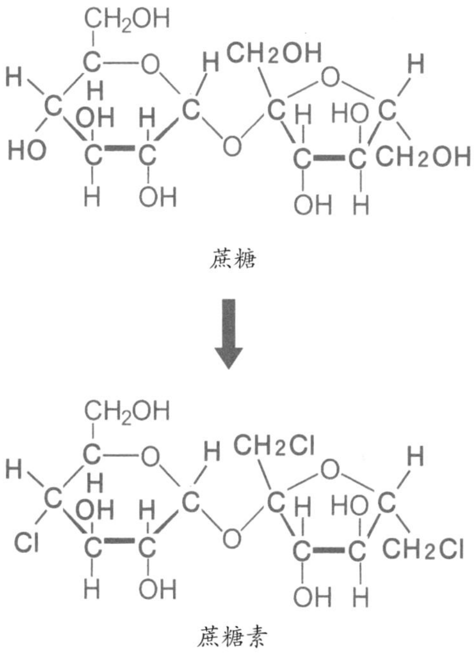

蔗糖

蔗糖素

图 2-3 蔗糖、蔗糖素的分子结构

12 什么是发酵食品

酒、味噌、酱油、纳豆、腌菜等发酵食品占据着日本餐桌的半壁江山。西餐中也有酸奶、芝士、火腿等发酵食物。这节我们来一起看下微生物带来的发酵食品。

◎什么是发酵食品

我们周围充满了细菌，不，应该说我们的日常生活中处处都附着大量的细菌。细菌也是生物，自然也就需要食物。细菌以我们的身体组织本身，或以我们的食物为食，并进行繁殖。

在这个过程中，如果代谢出对人类无用的代谢物，我们称这个过程为腐烂，如果代谢出对人类有用的代谢物，我们称其为发酵，是腐烂还是发酵仅仅是从是否对人类有用的角度来区分的。

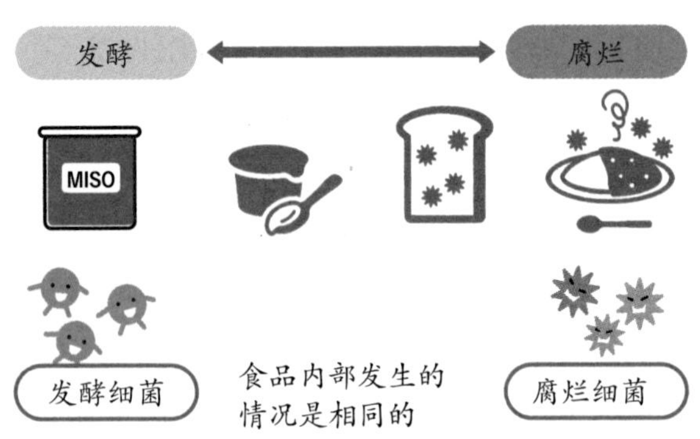

图 2-4 发酵和腐烂的区别

发酵中最广为人知的是酒精发酵和乳酸发酵两种。酒精发酵是酵母菌吞食掉葡萄糖后，代谢出酒精（乙醇）和二氧化碳。其中酒利用了代谢出来的酒精，面包利用了代谢出来的二氧化碳。

乳酸发酵是指细菌分解完葡萄糖后，产生乳酸的发酵。但其实，并没有一种特别的细菌叫乳酸菌，因此只要是代谢出乳酸的细菌都被称为乳酸菌。

◎各种各样的发酵食品

日本的调味料很多都是发酵食品。味噌是以大豆为主要原料，在大麦、大米、大豆等制成的曲菌的作用下发酵而成的。酱油的主要原料是大豆、小麦等，在麦曲的作用下发酵而成的。

谷物制作的酱油被称为谷物酱油，而小鱼发酵制作而成的酱油叫鱼露[①]。食用醋是大米、葡萄等经过酒精发酵后，再经醋酸发酵而成的。

大豆经过纳豆菌发酵制作成的纳豆可以说是日本最具代表性的发酵食品了。蔬菜用盐腌渍，静置几天后也会产生乳酸发酵，生成独特的风味。

牛奶经乳酸菌发酵而成的酸奶是我们日常生活的必备食品，日本的黄油虽然未经过发酵，但在欧洲，黄油一般是发酵黄油。

火腿和一部分香肠是牛肉或者猪肉发酵制作而成的。日本滋贺县的鲋鱼寿司是鲋鱼和米饭共同腌渍数月而成的乳酸菌发酵食品。乳酸的杀菌效果可以防止杂菌的繁殖。臭鱼干由于腌渍料汁长时间

① 鱼露有秋田县的 Shottsuru、能登半岛的 Ishiru、高知县的 Kibinago、泰国鱼露等。（前三个均为日本鱼露产品名称）

保存，因此产生了乳酸发酵，所以会形成独特的风味。

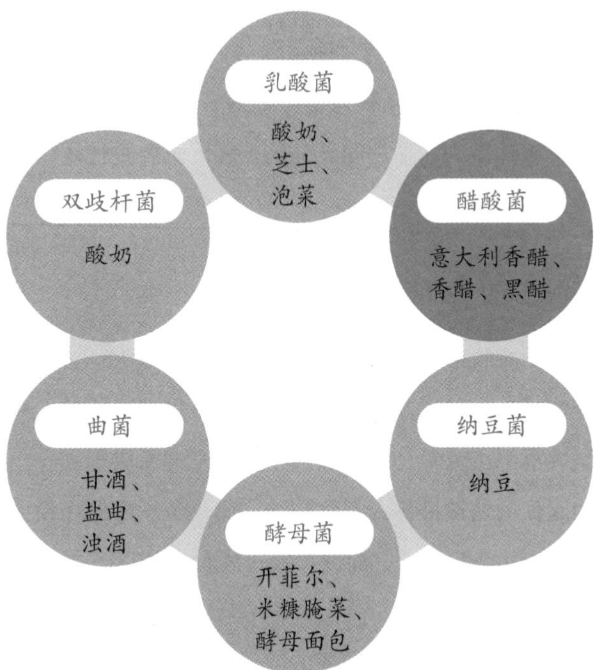

图 2-5 发酵食品

13 酒的种类有哪些

由酵母菌发酵制作而成的酒指的是含有乙醇（酒精）的饮品。采用的原料、制作工艺、含有的乙醇浓度不同，酒的种类也各不相同。

◎**酒精发酵**

天然酒是酵母菌酒精发酵而成的。右旋糖（又称葡萄糖）中添加自然中天然存在的酵母菌，酵母菌会分解葡萄糖并代谢出乙醇和二氧化碳（CO_2），这个过程称为酒精发酵。不仅酿酒时会用到，制作面包时也会运用到。

葡萄中含有大量的葡萄糖，葡萄的叶子和果皮上又附着有天然酵母菌，因此只需要把葡萄捣碎后储存，就自动会进行酒精发酵，生成红酒。

大米或麦子这类谷物中虽然并不含有葡萄糖，却富含葡萄糖分子聚合而成的淀粉。因此，如果想要使谷物发生酒精发酵，需要先把淀粉分解成葡萄糖，可以利用曲菌或者发芽的大麦（麦芽）中含有的酵素达到这一目的。

通过上述工艺制作的酒一般称为“酿造酒”。红酒、清酒、啤酒、绍兴酒等都属于酿造酒。酿造酒中的乙醇含有量以体积计算，最多15%。

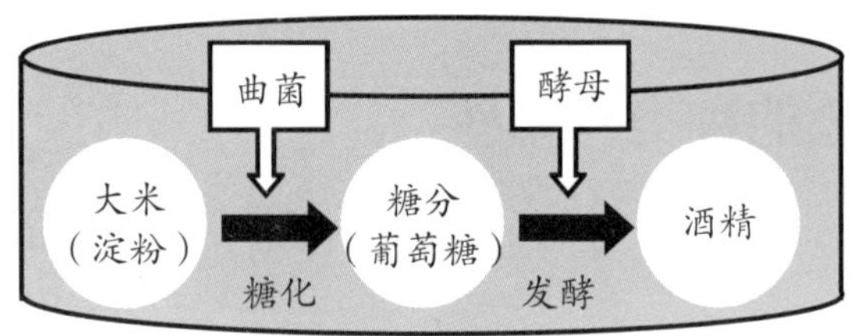

清酒是并行复发酵

糖化和酒精发酵同时进行

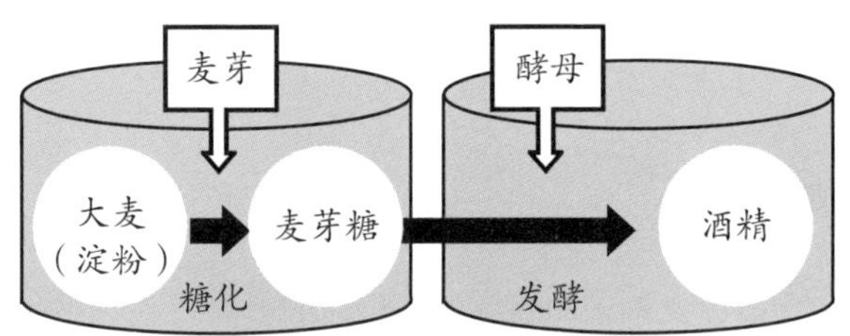

啤酒是单行复发酵

糖化和酒精发酵分开进行

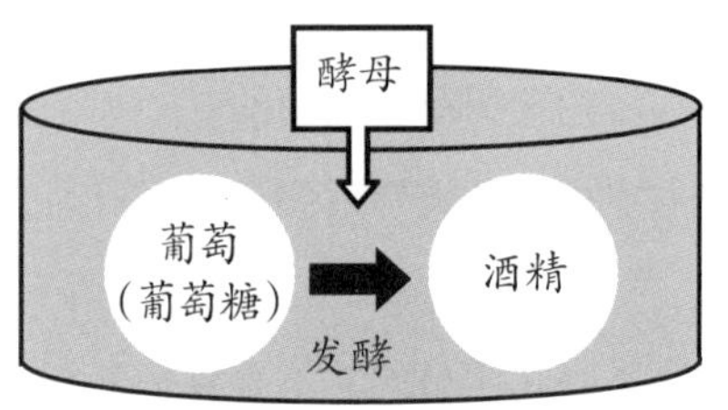

红酒是单发酵

原料中含有糖分，自发进行酒精发酵

图 2-6 酿造酒

◎蒸馏酒、利口酒

酿造酒经过蒸馏，乙醇含量得到了提高，通过这种方法制作的酒一般叫作蒸馏酒。葡萄制作而成的白兰地，大麦制作而成的威士忌，糖浆制作而成的朗姆酒，以及龙舌兰制作而成的龙舌兰酒等都是有名的蒸馏酒。伏特加也非常有名，但伏特加的原料是谷物、土豆等，原料的种类较多。烧酒除了大米之外，也用了薯类、大麦等各种原料。

蒸馏酒的乙醇含量根据蒸馏的方法不同可以不断提高。从含量20%的烧酒，到像伏特加、龙舌兰等酒精含量超过80%的酒都有。

蒸馏酒中浸泡果实、树皮、蛇等的酒叫作利口酒。日本典型的利口酒是梅酒和蝮蛇酒。[①]

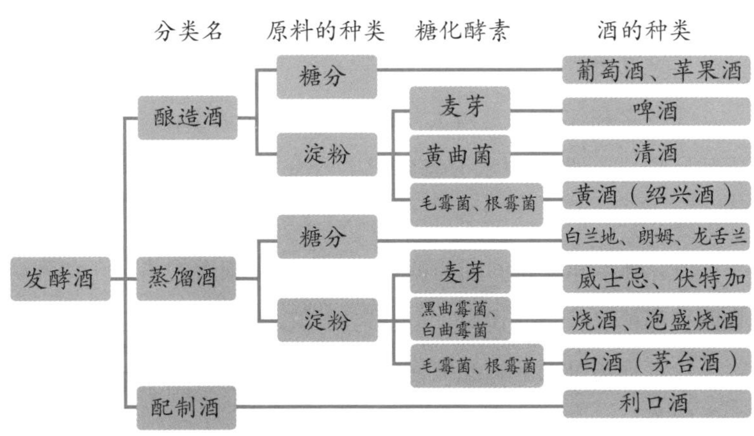

图 2-7 发酵酒的分类

蒙古人喝的马奶酒是另外一种特别的酒。这种酒的原料是马奶汁，是由马奶汁乳糖中含有的葡萄糖进行发酵而成的。酒精含量非常低，仅有 1%～2%，是一种类似酸奶的饮品。[②]

① 蝮蛇、饭匙蛇等是有毒性的毒蛇，但蛇毒其实是蛋白质（蛋白毒素），长时间在乙醇中浸泡后会发生变性，丧失毒素，因此可以饮用蛇酒。

② 也可以蒸馏后当酒饮用。

14 蔬菜和谷物在烹饪中会发生怎样的变化

> 蔬菜的主要成分是纤维素和淀粉，谷物的主要成分是淀粉，之外还含有少量的蛋白质、脂肪以及维生素等微量元素。

◎纤维素和蛋白质的结构

纤维素和淀粉都是由大量的葡萄糖（glucose）分子聚合而成的。因此，两者加水分解后都会变成葡萄糖，成为重要的营养来源。

但纤维素和淀粉的葡萄糖聚合方法有着细微的差异。食草动物两种都可以分解并代谢，但食肉动物以及人类并不能吸收纤维素。食草动物可以分解纤维素的原因是它们的肠道内存活有纤维素分解菌。

淀粉分为葡萄糖连接在直链上的直链淀粉和葡萄糖的连接有分支的支链淀粉。糯米的淀粉 100%都是支链淀粉，普通大米（粳米）的淀粉有 20%是直链淀粉。年糕之所以粘牙就是因为拉伸时支链淀粉的分支互相交缠在了一起。

◎直链淀粉的热变化

直链淀粉虽然是直链，但却是立体螺旋状（弹簧状）构造。每 6 个葡萄糖分子为一回转。此时直链淀粉的分子结构排列整齐，呈结晶状态，分子之间的间距狭窄，因此水或者酵素很难进入直链淀粉的内部，此时的淀粉不易被消化，这种状态的淀粉称为β-淀粉，以大米来说明的话，此时是生米状态。

煮饭时，直链淀粉的螺旋结构开始舒展，同时结晶构造也被打开。水和酵素很容易进入到直链淀粉内部，此时的淀粉容易被消化。这种状态的淀粉称为α-淀粉，以大米来说明的话，此时是温热的米饭。

但这个状态下，冷却后淀粉会恢复到初始的β状态。如果没有水分的话，淀粉可以一直维持在α状态。据说以前人们吃的炒米，以及应急食品中的干面包、饼干等就是类似的食物。

◎维生素类的流失

除了上述的淀粉热变化外，蔬菜受热后，蔬菜中含有的维生素会被分解，溶入汤汁，造成维生素的流失。除维生素K和烟酸（维生素B_3）之外，几乎所有的维生素都不耐热。特别是维生素B、C等水溶性维生素，长时间的清洗或者焖煮都会造成流失。

15 肉类在烹饪中会发生怎样的变化

我们吃的肉类大部分是肌肉，是不同形态的蛋白质聚集在一起。无论是鸡肉、猪肉、牛肉还是鱼肉都是一样的。

◎肌肉的结构

在第六章我们会介绍，蛋白质是非常复杂的立体结构，遇热、酸、碱，或者是酒精类药品都会发生不可逆的变化，这叫作蛋白质的变性。肉类食物的烹饪过程就是蛋白质的受热变性过程。

图 2–8 所示是肌肉的结构图。肌肉是束状结构，胶原蛋白肌膜包覆着一束一束的被称为肌纤维的细胞。肌纤维由两种蛋白质组成，细长纤维状的肌原纤维蛋白质和填充在肌原纤维之间的球形肌浆蛋白质。

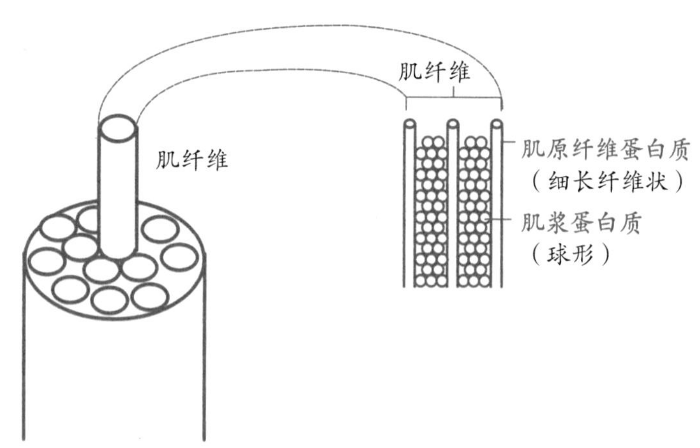

图 2–8 肌肉的结构

胶原蛋白被认为有美容的功效，因此大受追捧，但其实动物体内的胶原蛋白数量非常多，占全部蛋白质的 30%。

◎蛋白质的热变性

肉受热后，硬度会逐渐发生变化。如图 2-9 所示，在温度逐渐上升到 60 ℃ 的过程中，肉会慢慢变软，但是一旦超过 60 ℃，肉会急剧变硬，然后超过 75 ℃ 后，又会再次变软。

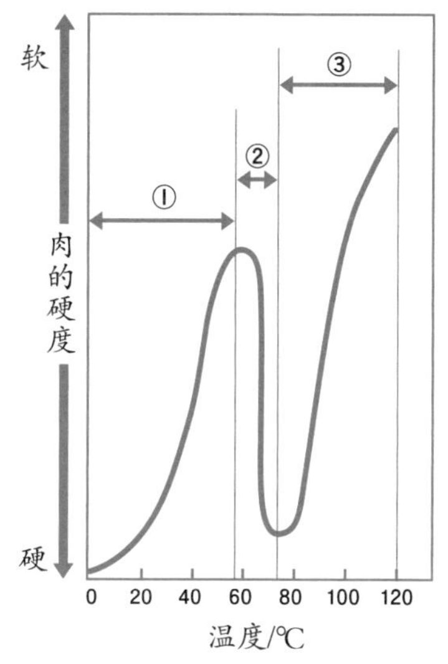

①肌原纤维蛋白质受热凝固，肌浆蛋白质依然富有流动性，因此肉质变软；

②肌浆蛋白质受热凝固，胶原蛋白收缩，肉质变硬；

③胶原蛋白受热分解，形成明胶，肉质再次变软。

图 2-9 肉的硬度变化

肉的硬度之所以会发生如此神奇的变化，原因就在于组成肌肉的 3 种蛋白质——胶原蛋白、肌原纤维蛋白质、肌浆蛋白质的热变性温度之间有些微小的不同。

45 ℃～50 ℃：肌原纤维蛋白质受热凝固；
55 ℃～60 ℃：肌浆蛋白质受热凝固；
65 ℃：胶原蛋白收缩至原来的 1/3 大小；
75 ℃：胶原蛋白被分解，形成明胶。

对比蛋白质的热变性温度和肉类硬度变化可以看出，加热肉类时，温度升高，肌原纤维蛋白质会凝固变硬，但肌浆蛋白质尚未凝固，因此吃上去口感软嫩。

一旦超过了 60 ℃，肌浆蛋白质也会凝固，肉质整体都会变硬。温度超过 65 ℃ 后，胶原蛋白会收缩，肉会急剧变硬。但温度超过 75 ℃ 以后，胶原蛋白会进行分解，形成明胶，肉反而会再次变软。

在焖煮的过程中，胶原蛋白会不断进行分解，肉会变得更加软烂。长时间焖煮的肉汁冷却后变成果冻状的物质，这说明胶原蛋白被分解溶化在了肉汁中。

但煮的时间过长的话，胶原蛋白肌膜会完全溶化消失，这样一来，肌肉纤维会四散开来，就没有了肉的口感，还有可能会影响肉的味道。

第三章

“药与毒”的化学

16 抗生素是用霉菌制作的吗

抗生素指的是微生物分泌出来的，可以抑制其他微生物生存的物质。我们在享受着抗生素为我们带来的巨大恩惠的同时，也面临着耐药细菌的困扰。

◎抗生素的种类

抗生素指的是主要对细菌等微生物的成长起抑制作用的物质，对肺炎或者化脓等细菌感染有治疗作用。

1929 年，人们发现从青霉菌中提取的盘尼西林这种物质，可以抑制引发感染症的葡萄球菌等细菌的生长。自那以后，新的抗生素不断被发现，就连当时被认为是不治之症的结核，也在发现链霉素后被攻克了。

抗生素的种类有很多种，现在也不断有新的抗生素被发现。2015 年诺贝尔生理学或医学奖的获得者大村和坎贝尔两位就是因为发现了能有效杀死寄生虫的阿维菌素[①]而被授奖的。阿维菌素是从土壤的细菌中发现的抗生素，能够极大降低寄生虫这种非洲流行病造成的失明。

① 医药品名是伊维菌素，是阿维菌素的化学改性物质，效果更加明显。

◎耐药细菌

抗生素针对多种病都有着惊人的治疗效果的同时，也带来了令人困扰的问题。那就是，以前对某种细菌有效的抗生素，现在已经对这种细菌无效了。细菌对抗生素有了抵抗作用，这叫作耐药细菌。

为了对付耐药细菌，就得使用其他的抗生素，但过后这种细菌又会对新的抗生素产生抵抗力，之后又需要寻找新的抗生素，不断循环下去。①

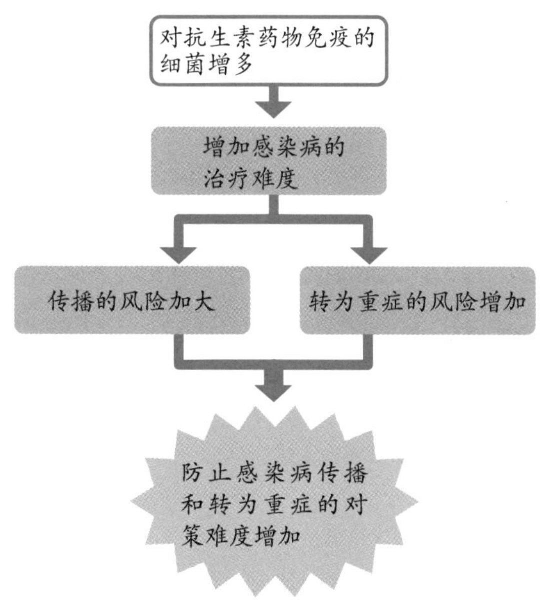

图 3-1 耐药性的危险性

① 耐药细菌中，有一种叫耐甲氧西林金黄色葡萄球菌（MRSA）的细菌，这种细菌容易引起医院内部的感染。曾经一段时间内，人们以为这种细菌已经被抗生素攻克了，但后来出现了耐药细菌，为此又重新开发了可以治疗耐药细菌的新的抗生素，但后来又循环出现了对新的抗生素有抵抗作用的耐药细菌。

要想摆脱这个循环，有两种方法：一种是尽量避免使用抗生素。另外一种是使既存的抗生素发生化学反应，改变部分分子结构；分子结构发生变化的话，细菌有可能误认为这是新的抗生素，就不会产生耐药性。

17 毒品、危险药品指的是什么

据说吸食毒品后，一段时间内会产生幸福感。但一旦尝试过以后，就会沉迷无法自拔，最终导致丧失思考能力和判断能力，成为废人一个，极度危险，社会危害巨大。

◎毒品

鸦片、海洛因、甲基苯丙胺（冰毒）、吗啡、大麻、可卡因以及国家规定管制的其他能够使人形成瘾癖的麻醉药品和精神药品被称为毒品。

麻醉药原本指的是从罂粟中提取的药物。鸦片的成分是吗啡和可卡因。吗啡与醋酸酐反应后能够制成毒品中的魔王——海洛因。吗啡和可卡因可以用于癌症等疾病的止痛药，但海洛因有非常强的成瘾性，并未被用于包括止痛药在内的任何药用上。

◎兴奋剂

麻醉药是让人神志模糊，仿佛漫游桃花源一样，而兴奋剂[①]则是让人有种头脑清醒的错觉，使人情绪亢奋。

被称为日本药学之父的长井长义从黄麻中成功分离出了一种

① 但会引起食欲不振、血压上升、心跳加快。可以提高单调作业的效率和需要爆发力的运动能力。但会降低集中力、需要思考的作业效率和需要耐力的运动能力。

对哮喘有治疗效果的物质——麻黄素。他在研究这种物质的化学合成时发现了甲基苯丙胺，与此同时，罗马尼亚的化学家合成了苯丙胺。

甲基苯丙胺和苯丙胺都有消除困意、让人精神亢奋的作用，因此被称为兴奋剂。甲基苯丙胺在 1943 年还以非洛芃（Philopon）为商品名在日本市场上进行销售，当时大受忙碌的上班族和备考生的喜爱。但后来发现，经常使用的话会跟麻醉药一样让人上瘾，引发了巨大的社会问题。非洛芃中毒的人员据说超过了 100 万人。

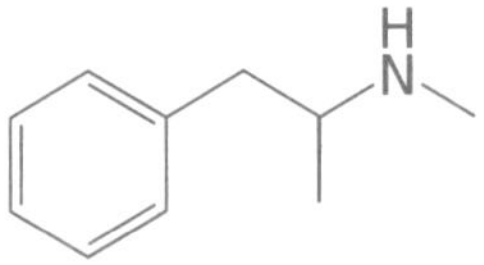

甲基苯丙胺

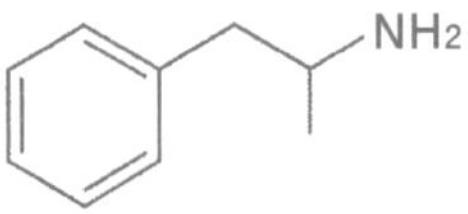

苯丙胺 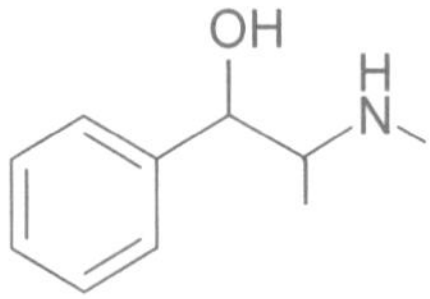　　麻黄素

兴奋剂指的是苯丙胺和其衍生的盐类，特点是其药理作用非常类似

图 3-2 兴奋剂的药物分子结构

◎危险药品

危险药品是指受光、热、空气、水分、摩擦、撞击等外界因素的影响而容易引起燃烧、爆炸或具有强腐蚀性、刺激性、放射性及剧烈毒性的物质。这些物质，在医院药剂科、药检室、临床检验科

等科室，都有使用的机会。对危险药品的管理非常严格，须有专人保管、严格的验收和领发制度。

麻醉药和兴奋剂都被法律禁止持有和使用，但法律禁止的只是其中的典型毒品，只要是有一定化学知识的人，都可能改变这些毒品的部分分子结构。

通过这种手段制作的药品使用时的感觉跟毒品基本一致或者比毒品更甚，使用后的后遗症也一样。并且这些药品是私自制作的，安全性没有被验证过，因此这些药品非常危险[①]。后来，随着法律的不断完善，此类药品也被纳入管制范围。

---

① 危险药品会被巧妙地包装成香、浴盐、药草、精油等这些仅从外观无法判断的产品进行销售。颜色和形状也多种多样，有粉末状、液体状、干燥植物等。

18 哪些植物有毒性

植物绽放着美丽的花朵，但其中有些植物带剧毒。如果因为植物外观漂亮就不加分辨地赏玩的话，有可能是会中毒的。

◎水仙

水仙全株都含有同彼岸花相同的毒性成分——石蒜碱。错把水仙叶子当作韭菜，把鳞茎（球茎）当作葱误食的情况都有发生过。水仙的毒性并不强，也有引发呕吐的特性，因此重度中毒的情况并不多。但如果误把水仙叶子当作韭菜大量食用的话，也有危及生命的可能，因此最关键的还是要提高注意。

◎秋水仙

秋水仙是非常漂亮的淡紫色的花，与番红花相似。但秋水仙整株株体都含有秋水仙碱这种毒素。如果不小心摄入了这种毒素的话，会造成皮肤知觉麻痹，严重时还会引起呼吸麻痹从而导致死亡。这种花容易和野生的茖葱弄混而误食，鳞茎也容易被误认为是洋葱。

◎铃兰

铃兰是淡雅花卉的代表，但铃兰株体含有铃兰毒苷这种毒素。

摄入这种毒素，会造成呕吐、头晕、心律不齐、心脏停搏等症状，严重时会导致死亡。铃兰容易被当作茖葱误食，也有儿童误喝了养铃兰的花瓶里的水而导致死亡的情况发生。仅仅是嗅了嗅铃兰的花香，就头晕目眩的情况也偶有发生，因此患有心脏疾病的人要多加注意。

◎草乌头

草乌头是日本剧毒类植物的代表之一，从花朵到根茎，花株整体都含有乌头碱这种剧毒。不仅误食会造成中毒，仅仅是花的津液从伤口渗入到体内的话也会引起中毒。其叶子与鹅掌草这种野菜的叶子相像，因此也有可能引发食物中毒。草乌头虽然是剧毒，但在中药中可作为强心剂使用。

◎夹竹桃

夹竹桃对车尾气的耐受性非常强，因此常被种在街道两旁。但夹竹桃其实毒性很强，不仅花朵、叶子、枝干和根全部含有毒素，周围的土壤中也有毒素。焚烧新鲜的夹竹桃产生的烟雾中会含有毒素，甚至夹竹桃腐烂后的土壤里毒素也会残留 1 年。日本曾发生过把夹竹桃的枝条当作烤肉的扦子使用而引发死亡的案例。

19 哪些是毒蘑菇

日本有 4000 多种蘑菇，但其中 1/3 都是毒蘑菇。下面就让我们来看一看主要的毒蘑菇及其注意事项吧。

◎火炎茸

偶尔在住宅区附近也可以看到这种蘑菇的身影，火炎茸正如名字那样，通体橘红色，形状诡异像火焰，应该没有人会吃。这种蘑菇仅仅是触碰，都会引起皮肤炎症、刺痛，食用的话会导致死亡，并且全部内脏器官都会出现症状，哪怕是痊愈后也会留下小脑萎缩等后遗症。

目前检查出的毒素是单端孢霉烯族毒素，是霉菌毒素（Mycotoxin）的一种。

◎簇生黄韧伞

簇生黄韧伞几乎一年四季都可以看到，属于小型的蘑菇，与可食用的砖红韧伞形似。生吃有苦味，加热后苦味消失，但无论生、熟，毒性都是非常强的，造成了很多死亡的案例。有些地区有食用这种毒菇的习惯，食用之前会用盐长时间腌渍来排除毒素。毒素成分至今不明。

◎墨汁鬼伞

这种蘑菇在成熟后会被自身体内的消化酶自溶，一个晚上就会变成黑色的液体，因此被命名为墨汁鬼伞，味道鲜美，通常没有毒性，但忌与酒同时食用。

酒中含有的乙醇在人体内被乙醇脱氢酶氧化成有毒的乙醛，乙醛又被乙醛脱氢酶氧化成无害的醋酸。但墨汁鬼伞可以阻止乙醛脱氢酶的氧化作用，导致乙醛一直残留在体内，造成严重的宿醉症状。症状一般会在 4 小时左右消失，但会有毒素残留在体内，一周左右又会有同样的情况发生。墨汁鬼伞的毒素是鬼伞素。

◎贝形圆孢侧耳

以前这种蘑菇被当作可食用菇，但在 2004 年日本新闻报道了一例有肾功能障碍的人食用了这种蘑菇后引发病毒性脑炎的案例，之后同样的病例又相继被报道出来。在 2004 年，日本东北地区、北陆地区 9 个县共有 59 人确诊，其中 17 人死亡。发病人员中也有没有肾功能障碍病史的人。

究竟是贝形圆孢侧耳突然具有了毒性，还是以前中毒死亡的病例死亡原因被命名为其他的病名，具体情况不得而知。在原因分析清楚之前，没有肾功能障碍病史的人也要避免使用这种蘑菇。毒素的详细成分不明。

表 3-1 毒素的成分和主要症状

毒蘑菇种类	毒素成分	主要的症状以及症状出现的时间
褐黑口蘑	Ustalic acid[①]	头痛、呕吐、腹痛、腹泻等
臭赤褶菇	胆碱、 毒蕈碱、 毒蝇碱、 溶血素等	腹泻、呕吐、腹痛等 （10 分钟～几个小时）
鳞柄白鹅膏	毒伞八肽类、 鬼笔毒肽类等	呕吐、腹痛、腹泻、肝功能和肾功能损害（6～24 小时）
月夜菌	隐陡头菌素S （月夜蕈醇）等	呕吐、腹痛、腹泻等 （30 分钟～1 小时）
豹斑毒鹅膏	鹅膏氨酸、 蝇蕈醇、 毒蕈碱类等	腹痛、呕吐、腹泻、痉挛等 （30 分钟～4 小时）
红褐杯伞	Clitidine[②]	肢体末端红肿，全身剧痛，疼痛有时可以持续 1 月
鬼笔鹅膏	鬼笔毒肽、 毒伞八肽	腹泻、呕吐、腹痛 （24 小时左右）

① 褐黑口蘑的毒素，分子式为 $C_{19}H_{14}O_6$，没有对应的 CAS 编码。——译者注

② Clitidine, 分子式为 $C_{11}H_{14}N_2O_6$，CAS 编码为 63592-84-7。

20 哪些鱼类有毒性

河豚有剧毒，贝类在某些季节也会带有贝毒。这些鱼和贝类虽然很美味，但也要加以注意。

◎河豚毒

河豚的种类有很多。像棕斑兔头鲀和箱鲀是无毒的河豚，但大多数河豚都含有剧毒河豚毒，河豚毒是神经毒素的一种，可以阻碍神经传导，造成全身的运动麻痹、呼吸困难等症状。河豚毒素有很好的耐热性，受热也很难分解，因此如果食用了含毒素的部位，几乎 100%会导致中毒。烹饪河豚需要有专门的资格证，非专业人士不建议自行烹饪。

红鳍东方鲀的毒素只存在于血液、肝脏、精巢中。因此只要去除了这些部位，其他部位都是可以吃的美食。但在日本能登半岛上，人们会食用这些有剧毒的精巢。先是用盐腌渍一年的时间，然后用水洗净盐分之后，再用米糠腌渍一年左右。这些经过日本保健所证实已经无毒的精巢，在日本金泽等车站的一些店铺里有销售。

河豚的毒并非自己产生的，而是它吃的饵料中的毒素在体内堆积而成。因此不投喂有毒食物的人工养殖的河豚其实是无毒的。但如果把野生河豚和养殖河豚放在一个水槽中饲养的话，毒素也会转移到养殖河豚身上去，这点需要注意。

◎贝毒

大部分贝类都含有一种叫作贝毒的毒素。跟河豚一样，贝毒也并非是贝自己产生的，而是吃的浮游生物中含有的有毒成分（石房蛤毒或短杆菌毒素）在体内堆积的结果。

日本各地的保健所会对贝类进行毒素检查，如果有毒成分超出了规定浓度，就会发出警告。

◎豹纹蛸

鱼贝类的毒并非都只是食用后才会引发中毒，也有被咬或被刺伤就引发中毒的毒素，豹纹蛸就是这一类的代表。豹纹蛸体长 10 厘米左右，是一种小型的章鱼，之前在日本近海并没有这种生物生存，随着海洋温度升高，开始出现在日本的岩礁地区。豹纹蛸脾气暴躁，生气时全身会出现蓝色的环状花纹，形似豹纹，因此被称为豹纹蛸。

豹纹蛸毒素的成分同样是河豚毒素，被咬后毒素会顺着伤口进入体内，当然如果误食的话，后果如同误食河豚一样。如果在海水浴的沙滩上发现了豹纹蛸，也千万不要去捕捉它们。

21 哪些金属有毒性

金属都是闪着冷冰冰的寒光，看起来跟毒素一点关系都没有，但是有些金属的毒素是公害的根源，有些金属的毒素甚至改变了历史。

◎铅（Pb）

铅常常会用作鱼竿的坠子或者焊料的原材料，但铅却含有神经毒素。历史上有位著名的人物，他的死亡被认为是铅中毒造成的，他就是罗马皇帝尼禄。尼禄是位非常杰出的皇帝，年纪轻轻就已加冕，但在即位5年后却做出了在罗马市外放火的荒诞行为。有分析认为其中的一部分原因是铅造成的。

之所以这么说，是因为当时的红酒由于葡萄的品质和酿造技术的缘故非常酸，为了改善这个状况，罗马人会把红酒在铅锅中加热后饮用。红酒的酸味是酒石酸造成的，但酒石酸能够和铅起反应，生成酒石酸铅，酒石酸铅具有甜味。这和在非常酸的红酒中加入砂糖遮盖酸味的原理是不同的，这种方法是把酸性物质变成了甜性物质，换言之，红酒越酸，这种方法做出来的越甜。

贝多芬同样是铅的受害者。贝多芬的时代，人们习惯在红酒中撒入白色粉末即碳酸铅（$PbCO_3$）饮用。贝多芬本人特别喜欢，因此晚年备受耳聋之苦。

陶瓷器的釉料中也含有铅，水晶玻璃中氧化铅（PbO_2）的含量按重量计算高达25%～35%。如果把梅酒这种有酸味的酒装在水晶玻璃瓶中保存的话，也会有析出铅的危险。

◎汞（Hg）

汞是日本熊本县水俣市暴发的水俣病的罪魁祸首。水俣病是沿岸的化肥生产公司把含有化学反应触媒的汞的废液排放到水俣湾中，其中的汞被鱼类等生物浓缩之后又进入了沿岸的居民体内而造成的事故。

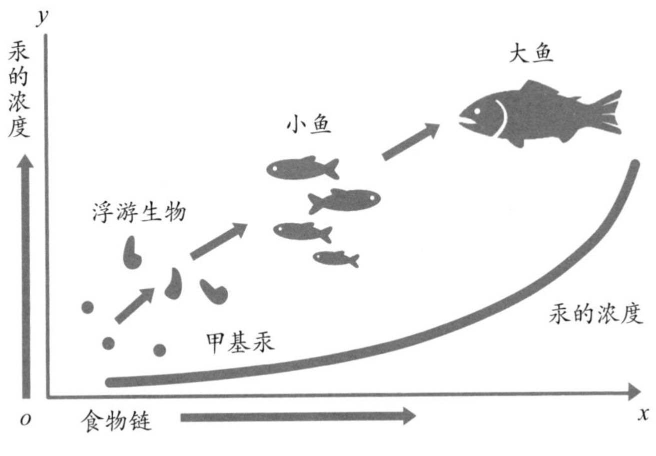

图3-3 生物浓缩

生物体内摄入的物质通常会通过代谢排出到体外，但有一部分物质无法排出到体外，而会在体内长期堆积。这些物质通过食物链转移到上层捕食者体内，越是上层的捕食者体内堆积的物质浓度越高，这种现象被称为生物浓缩

汞名气很大的另外一个原因是古代所谓的“长生不老药”中也含有汞。为什么古人会吃这种有毒的东西呢？这跟汞的外观有关，汞是表面张力比较大的液体金属，因此滴一滴汞在手心里，汞会像荷叶上的水滴一样，亮闪闪地不停转动，仿佛“活着”一样。

但把汞加热到 400 ℃ 左右时，汞就会变成黑色的物质氧化汞，这被认为是“死了”的状态。继续加热，黑色的物质会分解又会恢复成之前的汞。也就是所谓的“复活、再生”了，如同古人信奉的“凤凰涅槃”一样。

专栏　氰化钾

氰化钾也是非常有名的有毒物质。200 毫克（0.2 克）就可以使一个成年人致死。但氰化钾是人工合成的有毒物质，并且仅日本每年的产量就达 3 万吨。氰化钾到底是用在什么地方上的呢？

氰化钾的水溶液可以溶解金，因此是镀金的必需品。此外，还可以用氰化钾把金矿石中的金溶解回收。由此可见，很多物质都有自己独特的用途。

第四章

“空气”的化学

22 空气是由什么组成的

> 我们的周围充斥着空气，离开了空气我们连几分钟都存活不了。如此重要的空气究竟是由什么组成的呢？

◎空气的成分

空气并不是由单一物质组成的，而是由多种成分组成的混合物。空气的主要组成成分是氮气分子（N_2）和氧气分子（O_2）。组成比例按体积计算的话，氮气占 78.08%，氧气占 20.95%，包含氩气在内的稀有气体占 0.94%，二氧化碳占 0.03%。

空气中也含有很多水蒸气，水蒸气的比例随时间和地点不同会有很大的不同，高的情况占比 4%，低的时候不足 1%。因此一般用不含水蒸气的“干洁空气”的组成成分来表示地球大气的组成。

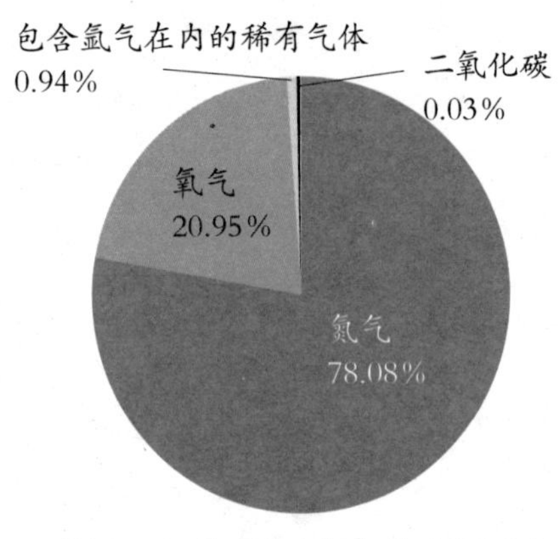

图 4-1 “干洁空气”的主要成分

◎大气成分的垂直分层

虽然都叫空气，但空气的成分随距离地表高度的不同而不同。这是受到构成空气的气体成分的重量（密度、分子质量）、大气的流动（气流）等的影响。

下面我们来看看距离地表高度不同的各层不同的特点：

a.对流层（0 至 9～17 千米）

气温随高度的升高而降低，受地表温度的影响，天气现象复杂多变。按重量计算，大气成分的约 80%都位于对流层。对流层的厚度在赤道附近最厚，约为 17 千米，在两极地区最薄，约为 9 千米。

b.平流层（9～17 千米至 50 千米）

与对流层不同，平流层的温度随高度的升高而升高。从平流层这个名字，我们可以感受出平流层不像对流层那样有乱流，层体结构非常平稳。平流层不像对流层那样天气现象复杂多变，但也并非整体一层的结构。平流层中有臭氧分子聚集的臭氧层，因为臭氧空洞的原因，相信大家都对臭氧有所耳闻。

c.中间层（50 千米至 80 千米）

中间层温度随高度的上升而降低。因为平流层和中间层的气体被同一个大气环流混合在了一起，有时也会把这两层合在一起叫中层大气。

d.热层（80 千米至约 800 千米）

热层的特点是气温随高度的上升而升高。但这里的气温指的是气体分子的热能，并不是温度计测量的温度。国际航空联合会和美国航空航天局为了便于称呼，将距离地表海平面 100 千米以外的空间定义为宇宙空间。

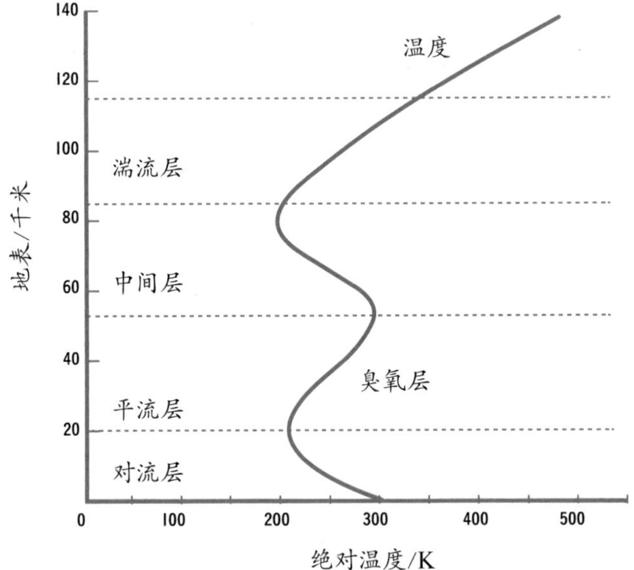

图 4-2 地球大气的垂直分层

23 氮气有什么作用

约占空气体积80%的氮气，化学性质不活泼，很少发生化学反应，主要是和食品一起密封到塑料袋中起到防止食品劣化的目的。下面让我们一起看下氮气的特点吧。

◎植物的三大营养元素

氮是植物成长中不可或缺的物质。植物的三大营养元素包括氮（N）、钾（K）、磷（P）。其中，氮能促进植物的叶子和茎的生长，是非常重要的肥料。氮在空气中以氮分子的形态大量存在，但除了豆科的部分植物外，其他植物都无法吸收利用氮分子。

人类如果想用氮为植物提供营养，或当作工业原料使用的话，需要把氮变成像氨那样的其他分子，这个过程叫作氮的固定。自然界中，打雷等自然放电的过程可以把氮分子转化为氨，因此打雷多的年头大米的收成都会好一些。[①]

◎变空气为面包

1906 年，德国的两位科学家哈珀和博施首先发明了人为将

① 正因为如此，日本把“雷电”叫作“稻子的配偶”。（在日语中，闪电写作“いなずま”旧时写作“いなづま”，いな即为稻，稻子的意思，づま即为妻、配偶的意思，合起来意为“稻子的配偶”）

氮转化为氨的方法[1]。那就是让空气中的氮气在铁化合物的催化下，与水电解后生成的氢气，在 500 ℃、200 ~ 350 大气压的高温高压条件下进行反应。如此可以得到氨，氨被氧化后变成硝酸（HNO_3）。硝酸和氨反应后可以生成硝酸铵（NH_4NO_3），又称硝铵，硝酸和钾反应可以生成硝酸钾（KNO_3），又称硝石，这两者都是非常好的氮肥。

现如今地球上生活着约 77 亿人口，之所以能够给这么多人提供食物，就是得益于化学肥料和杀虫剂等农药。所以说“哈伯法”是变空气为面包。

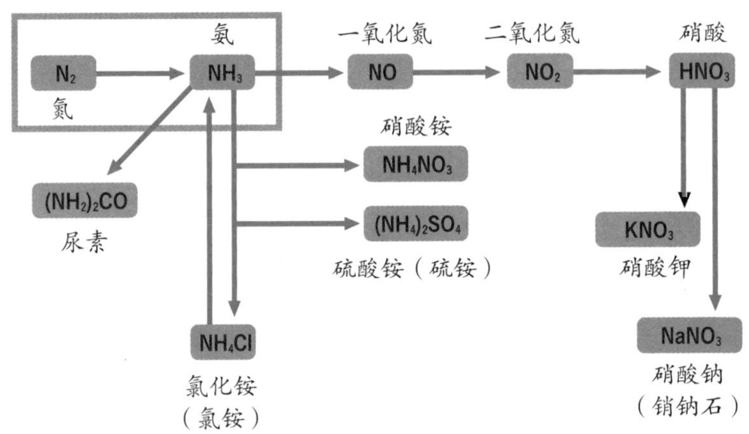

图 4-3 氮的反应流程图

◎变空气为炸药

硝酸（HNO_3）除了可以用于化肥外，还有另外一个重要的用

① 弗里茨・哈伯于 1918 年、卡尔・博施于 1931 年获得了诺贝尔化学奖。

途，那就是炸药。

枪支的炸药和炸弹上用的炸药三硝基甲苯（TNT）是甲苯[①]和硝酸反应生成的。甘油炸药的原材料硝化甘油是甘油[②]和硝酸反应生成的。枪支的炸药和烟花用的黑色炸药是木炭（C）、硫黄（S）和硝石的混合物。硝石是硝酸和钾反应生成的。

硝石曾经是用人的尿液制作的，是非常珍贵的物质。而哈伯法让硝石，乃至TNT和甘油炸药的无止境生产成为可能。第一次世界大战中，德军用的炸药大部分是通过哈伯法制成的。而第二次世界大战，这个人类史上前所未有的大规模战争的爆发，以及现如今世界各地战争频发都可以说是拜哈伯法所赐。

---

① 甲苯分子是7个碳（C）原子、8个氢（H）原子构成的。味道浓烈，日常闻到的“天那水味”就是甲苯的缘故。

② 甘油可以作为甜味剂、防腐剂、保湿剂、增稠稳定剂等食品添加剂使用，也可用于医药品、化妆品领域，作为保湿剂、润滑剂使用。

24 气体分子的运动速度是飞机的2~10倍吗

水在不同温度和压力条件下，可以呈现出固体（冰）、液体、气体（水蒸气）的状态，这叫作物质的形态。所有的物质随温度和压力的变化，形态都会发生变化。

◎物质的形态和规则

固态物质的分子排列都很整齐，分子的位置和方向也有相应的规则，但变成液态时，规则消失，分子开始移动。但分子间的距离与固态时并无太大变化，因此物质液态时的体积和密度与固态时并无太大区别。

但物质变成气态时，分子间的距离变远，分子开始运动，就像飞机一样到处飞。速度与绝对温度的平方根成正比，与分子的相对分子质量平方根成反比。

25 ℃时几种气体分子的运动速度如下：氢分子的时速是 6930 千米，氧分子的时速是 1700 千米。客机的飞行时速为 800 ~ 900 千米，可以说分子的运动速度相当于客机的 2 ~ 10 倍。

◎气体的体积

到处乱飞的气体分子会产生相互碰撞，也会碰撞到墙壁和人。

这种碰撞的冲击从我们的感觉来看就是压力。

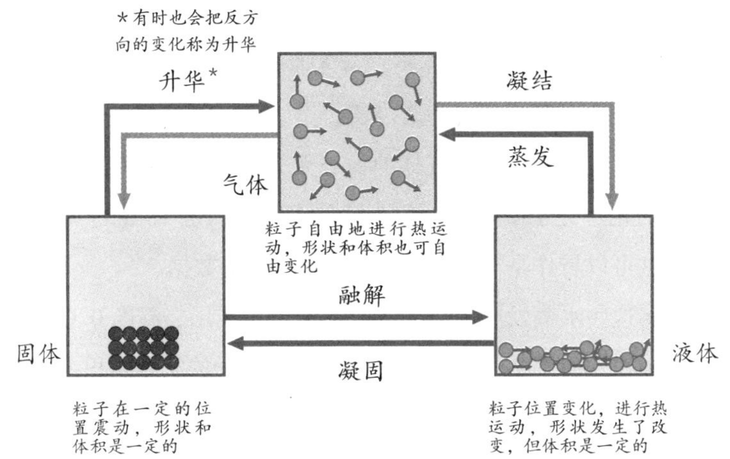

图 4-4 物质的形态变化

把气体装进气球中，气体会冲撞橡胶球壁，因此气球鼓起来了。但气球并不是因为过度膨胀而破裂的，而是因为气球的外部存在有空气这种气体，空气的分子在气球的外部挤压气球，迫使气球缩小而造成的。

当内部的扩张力和外部的压缩力（1 个大气压）平衡时，气球的大小是稳定的，此时气球的体积就是内部气体的体积。由此可见，气体分子的体积占气体体积的比例非常小，大部分体积都是真空间隙。

◎相同分子数组成的气体，体积相同

就像铅笔的单位是“打”一样，分子也有单位，分子的单位

是摩尔（mol）。1 打是 12 个，1 摩尔是 6×10^{23} 个粒子，数量非常多。

1 摩尔的分子重量约等于其相对分子质量（在相对分子质量后加单位克）。1 摩尔的气体体积，与气体的种类无关，在 1 个大气压、温度 0 ℃ 的条件下，为 22.4 升。

为什么气体的体积与气体的种类无关呢？让我们用水举例说明。水的相对分子质量是 18，1 摩尔水的体积是 18 毫升（0.018 升）。这可以看作是与水分子实际体积相近的数据。

但将这些水蒸发成水蒸气后，在 1 个大气压、温度 0 ℃ 的条件下，体积变成了 22.4 升。也就是说，水分子的实际体积（18 毫升）占该气体体积的比例不过 0.08%。水分子的实际体积几乎对气体的体积没有影响。因此才说“气体的体积与气体的种类无关”。

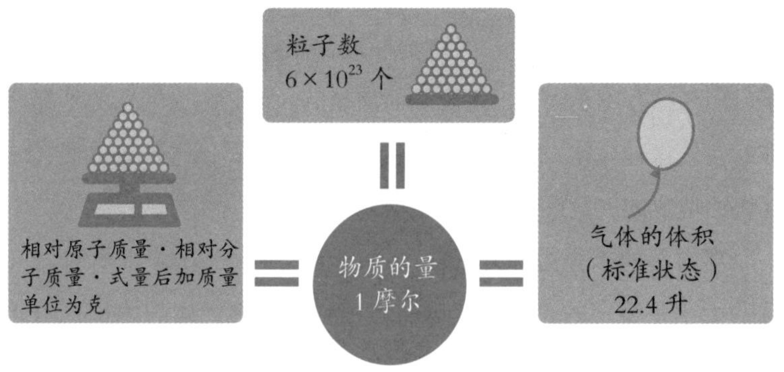

图 4-5 1 摩尔的物质

25 臭氧空洞是什么

> 环绕着地球的臭氧层中出现了被称为“臭氧空洞”的大洞，有害的宇宙射线可以通过这个空洞袭击地球，导致皮肤癌和白内障的患病率增高。

◎宇宙的起源

宇宙是原子核反应演变而来的，起源于距今 138 亿年前发生的大爆炸。大爆炸之后，氢原子碎片四处飘落，聚集的氢原子像雾一样飘散，逐渐有了浓淡之分，形成了像云一样浓度较高的集合。这些地方的重力大，进而吸引了更多的氢原子，压力也随之增高，最终在绝热压缩和原子间的摩擦作用下形成高温地区。

在这种高压高温的条件下，2 个氢原子融合形成了一个新的原子，即氦原子诞生了。这个反应叫核聚变，属于放热反应，在反应过程中会给周围带来巨大的光能和热能。这就是恒星的真实面目，也是恒星的一员——太阳的真实样子。

◎臭氧层

太阳等恒星会向宇宙发射出一种叫作宇宙射线或者电磁波的高能量的物质，其中一部分宇宙射线也会照射到地球上。宇宙射线的能量过于强大，如果宇宙射线直接照射到地球表面的话，它的破坏力足以让所有的生命消亡。不只如此，甚至有说法认为地球上根本就不会诞生生命。但现实是地球上谱写着人类以及各种各样生物的生命篇章，这是为什么呢？

这是因为臭氧层这层天然的屏障，为我们遮挡了宇宙射线。臭氧层属于环绕地球的大气中的平流层的一部分，距离地表高度 20 ~ 50 千米。这一部分大量聚集着一种叫作臭氧分子的分子。2 个氧原子结合就形成了普通的氧气分子（O_2），但 3 个氧原子结合就可以组成臭氧分子（O_3）。臭氧气体浓度高的话，颜色会呈现偏青色，略带生腥气味，就是它帮我们遮挡了宇宙射线。

◎臭氧空洞

在 1985 年前后，在南极上空观测到没有臭氧层的地方，这就是臭氧空洞。研究结果表明，臭氧空洞是当时人类大肆使用的碳、氟、氯组成的氯氟碳化物造成的。

氯氟碳化物是人工合成的化学物质，自然界中并不存在。氯氟碳化物的种类有很多，大部分的沸点都很低，也就是说都是非常容易蒸发的液体。因此被大量生产，用于汽车空调的制冷剂、发泡剂或者电子材料的清洗剂中。氯氟碳化物和臭氧空洞的因果关系明了后，发达国家之间立即缔结了缩小氯氟碳化物的生产和使用的协议。因此，现在危害有逐渐减小的趋势，但我们依然不能掉以轻心。

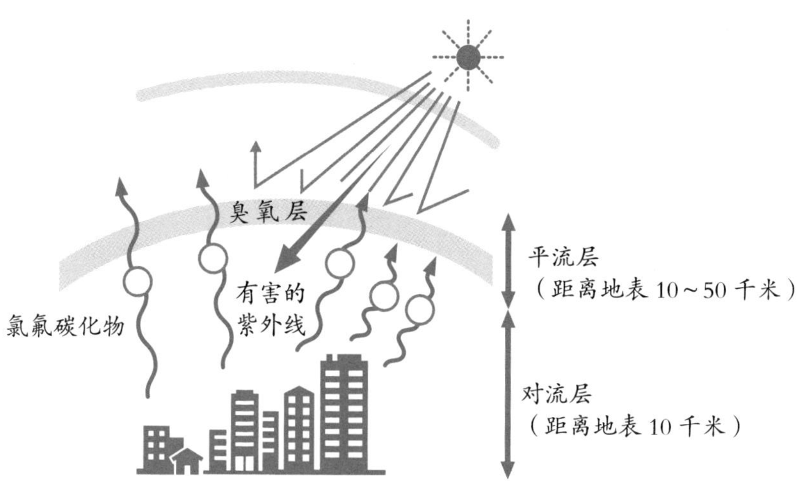

图 4-6 氯氟碳化物破坏臭氧层

26 温室效应气体是什么

地球在逐年变暖，受海水受热膨胀的影响，到本世纪末，海面会上升50厘米。而世界上的大都市多是位于海拔几十厘米的低海拔位置，后果将不堪设想。

◎神奇的行星

地球时时刻刻都在接收着太阳照射的热能和光能。其中一部分能量可以维持地表温度，促进植物的光合作用。但大部分太阳辐射都被反射到宇宙中去了，结果就是残留在地球上的能量最终是零。如果不这样的话，辐射到地球上的能量年年被积蓄起来，最终会导致地表被这些热能熔化成岩浆，地球将重新变成和诞生时一样的一团岩浆。

地球上积蓄的能量保持着巧妙的收支平衡，既不过分热也不过分冷，才使得地球没有被融化。这样想来，地球是在非常精准的能量收支平衡基础上形成的神奇的行星。

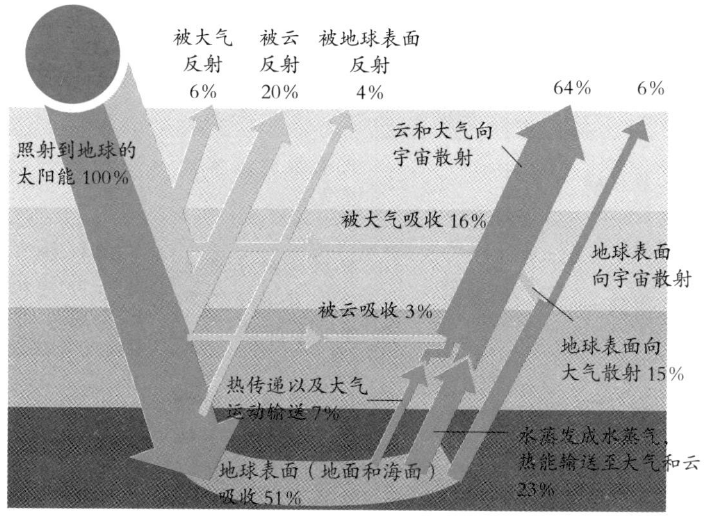

图 4-7 地球的能量收支

◎温室效应气体

最近地球的温度不断上升，越来越多的人认为这是温室效应气体造成的。[①]温室效应气体指的是可以保存热能的气体。气体的温室效应可以通过化学的方法测量出来，叫作全球变暖潜能值，这个数值是以二氧化碳为基准表示的相对数值。

作为基准的二氧化碳数值自然是 1，但有可能带来问题的其他气体的数值都比二氧化碳高。城市燃气的主要成分甲烷的数值是 23，而造成臭氧空洞的氯氟碳化物的数值高达数千至 1 万。

① 还有说法不认同地球温度上升。

表 4-1 温室效应气体的特征

温室效应气体		全球变暖潜能值	性质	用途·排放来源
二氧化碳		1	代表性的温室效应气体	化石燃料的燃烧等
甲烷		23	天然气的主要成分，常温下为气体，易燃烧	水稻种植、家畜的肠道内发酵、废弃物的掩埋等
一氧化二氮		296	众多氮氧化物中最为稳定的物质。不像其他的氮氧化物（例如二氧化氮）那样有危害	燃料燃烧、工业流程等
破坏臭氧层的氯氟碳化物	CFC HCFC类	成千上万	含氯的破坏臭氧层物质是温室效应非常强的气体。《蒙特利尔议定书》规定限制该气体的生产和消费	喷雾、空调及冰箱等的制冷剂、半导体清洗、建筑物的隔热材料等

◎全球变暖的真正原因

地球是寒冷的冰河期和温暖的间冰期交替循环的。现在是间冰期，气候温暖是正常的。过去的冰河期、间冰期的长度各不相同，目前尚未发现其中的规律。

因此，现在的间冰期究竟是会持续上万年，还是几千年内就会结束，这是谁都不知道的。甚至现在全球变暖是间冰期持续的征兆还是二氧化碳造成的，这谁也无法准确回答。

但大部分科学家都赞成削减二氧化碳的排放。这是因为纵观历史，二氧化碳的排放量像现在这样急剧增加的时代是史无前例的。可以说现代是人类正在迈进的一个未知的领域。

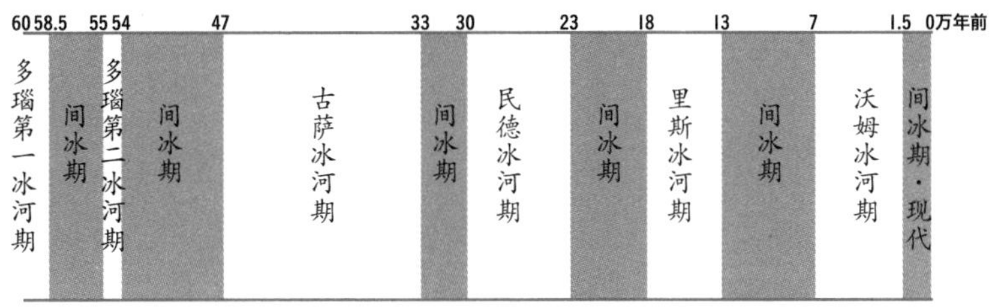

图 4-8 冰河期和间冰期

27 石油燃烧会产生多少二氧化碳

> 削减二氧化碳需要减少化石燃料的使用，但是燃烧石油究竟会产生多少二氧化碳呢？

◎石油的燃烧和二氧化碳

太阳把热能辐射至地球上，这个热能最终会被释放到宇宙中去，不会储存在地球上。因此地球可以一直保持同样的温度。但是，如果太阳传递来的热能被储存下来的话，地球的温度就会持续升高，最终地球也可能会变成一团岩浆。

二氧化碳等被称为温室效应气体的气体就可以储存热能。因此地球大气中的二氧化碳浓度上升的话，地球的温度也会随之增高。

温室效应气体不仅仅包括二氧化碳，地球上的温室效应，二氧化碳的“贡献”仅仅占了1/3，占大头的2/3“贡献”来自于水蒸气。但水蒸气的源头是浩瀚汪洋，海洋蒸发的水蒸气体量极其庞大，仅靠人类的力量是无法改变的。人类的努力可以左右的只有二氧化碳的排放量。况且，水蒸气的蒸发量与地球的温度也相关联，通过减少二氧化碳来降低地球温度，结果也可以减少水蒸气的蒸发。

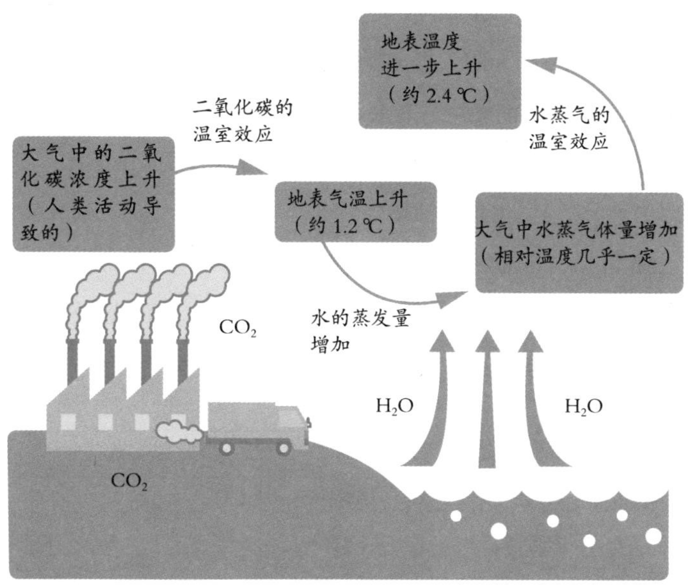

图 4-9 全球变暖的原因

◎二氧化碳的产生量

石油燃烧后会产生多少二氧化碳，我们可以简单地计算一下。石油的结构非常简单，如表 4-2 所示，基本上是多个（n 个）单位 CH_2 聚合而成：1 个单位 CH_2 的情况下是甲烷（CH_4），天然气；3 个聚合而成是 $CH_3CH_2CH_3$，丙烷；4 个是打火机用的丁烷；5 个到 8 个之间的是汽油；8 ~ 12 个聚合的是煤油，再往上就是重油了。燃烧一个单位的 CH_2，会产生 1 个 CO_2 和 1 个 H_2O。因此 n 个 CH_2 聚合的石油燃烧的话，会产生 n 个二氧化碳。

我们来看下相对分子质量，单位 CH_2 的分子质量为 $12 + 1 \times 2 = 14$，石油的相对分子质量是它的 n 倍，因此是 $14n$。而二氧化碳的相对分子质量是 $12 + 16 \times 2 = 44$，因此产生的 n 个二氧化碳的相对分子质量是 44 n。这意味着质量为 14 n 的石油燃烧后会产生质量为 44 n 的二氧化碳。

也就是说，石油燃烧后，会产生相当于石油质量 3 倍的二氧化碳。家庭用的 20 升装的塑料桶（石油的相对密度按 0.7 计算，质量约为 14 千克），1 桶石油燃烧后会产生约 44 千克的二氧化碳。

由此可见，石油燃烧后可产生的二氧化碳的量有多么大，所以“石油燃烧后产生的是气体，没有质量”这种话是不严谨的。

表 4-2 碳

碳个数	分子式	名称	化学式
1	CH_4	甲烷	CH_4
2	C_2H_6	乙烷	CH_3CH_3
3	C_3H_8	丙烷	$CH_3CH_2CH_3$
4	C_4H_{10}	丁烷	$CH_3(CH_2)_2CH_3$
5	C_5H_{12}	戊烷	$CH_3(CH_2)_3CH_3$
6	C_6H_{14}	己烷	$CH_3(CH_2)_4CH_3$
7	C_7H_{16}	庚烷	$CH_3(CH_2)_5CH_3$
8	C_8H_{18}	辛烷	$CH_3(CH_2)_6CH_3$
9	C_9H_{20}	壬烷	$CH_3(CH_2)_7CH_3$
10	$C_{10}H_{22}$	癸烷	$CH_3(CH_2)_8CH_3$
11	$C_{11}H_{24}$	十一烷	$CH_3(CH_2)_9CH_3$
12	$C_{12}H_{26}$	十二烷	$CH_3(CH_2)_{10}CH_3$
20	$C_{20}H_{42}$	二十烷	$CH_3(CH_2)_{18}CH_3$

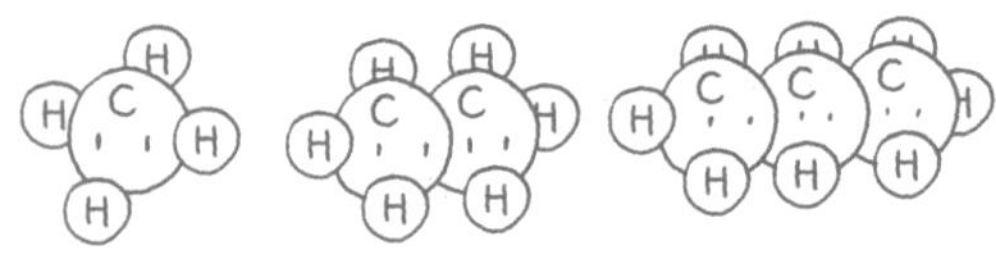

28 干冰挥发出的二氧化碳有危险吗

作为碳的氧化物，大家经常听到的有一氧化碳和二氧化碳，一氧化碳众所周知有剧毒，那二氧化碳呢？

◎二氧化碳的毒性

虽然微弱，但是二氧化碳也带有毒性，毒性可以导致窒息。二氧化碳浓度超过 3 %～4 %时，会引起头痛、头晕、呕吐等症状；浓度超过 7 %时，几分钟内可以使人意识丧失，这种状态持续下去的话，在麻醉作用下，呼吸中枢受到抑制，最终导致生命丧失。

表 4-3 二氧化碳浓度和对人体的影响

二氧化碳的浓度	症状出现的时间/分钟	对人体的影响
2%～3%	5～10	呼吸深度提高，呼吸频率增加
3%～4%	10～30	头痛、头晕、恶心、感知迟钝
4%～6%	5～10	上述症状以及过度呼吸带来的不适
6%～8%	10～60	意识水平下降，进而发展为意识丧失，并伴随有颤抖、痉挛等不自主运动

二氧化碳产生的原因是碳的完全燃烧。碳在氧气不充分的情况下会不完全燃烧，产生毒气一氧化碳，在氧气充足的条件下燃烧会产生二氧化碳。一氧化碳和二氧化碳都具有危险性，要尽量避免在狭窄的空间内烧炭。

除此之外，另外一种物质也可以导致二氧化碳的产生，那就是干冰。干冰是二氧化碳的结晶，冷却器中添加的干冰或者买冰激凌时赠送的冷却用的干冰融化（升华）后就变成了二氧化碳。

在汽车等狭窄的空间内放置大量的干冰是非常危险的。例如在车身空间为 2000 升的密闭的车内放置 350 克（220 毫升）的干冰，干冰全部变为气体后，车内的二氧化碳浓度可以高达 10%，就容易引起二氧化碳中毒，造成意识昏迷。

特别需要注意的是，二氧化碳比空气重①。因此生成的二氧化碳会在室内的下方沉积，有可能室内的母亲并没有任何不适，但危险已经逼近枕在她膝盖上睡觉的宝宝。

◎爆炸、冻伤

把干冰装在密封容器中是一件非常危险的事情。经常会有人把干冰装在塑料瓶中玩耍，干冰在不知不觉中已经升华，瓶子内部压力增大，轻微的碰撞导致瓶子发生了爆炸，在人脸上造成了很深的伤口的事故发生。甚至还有瓶子的瓶盖被炸飞，刚好撞到眼睛上造成失明的情况。把干冰装在玻璃瓶中同样非常危险，建议不要这样操作。②

---

① 空气的相对分子质量为 28.8，二氧化碳的相对分子质量为 44。

② 日本曾经发生过一起意外事故，一名中学生把干冰装在墨水瓶中进行观察，而学生母亲在背后观看，结果墨水瓶炸裂，四处飞溅的玻璃片割断了学生母亲的颈动脉造成死亡。

干冰的温度是－78.5 ℃，只是轻轻触碰的话，升华的二氧化碳处于干冰和手之间，起到了缓冲的效果，并不会出现大问题，如果是长时间触碰，或者是用湿淋淋的手触碰干冰的话，有可能会被冻伤。

干冰是我们生活中很常见的物质，但携带着意想不到的危险，需要我们提高注意。

表 4-4 干冰的特性和事故内容

	干冰的特性	事故内容
1	温度极低的物质→－78.5 ℃	接触造成的冻伤
2	非常容易升华为气体并膨胀→体积约膨胀至 750 倍	造成密闭容器的炸裂
3	变成气体后二氧化碳在低处沉积→二氧化碳比空气重	在通风不好的场所易造成缺氧

对策

①不直接接触；

②不装在密闭容器内；

③不在通风不好的密闭空间使用。

第五章

“水”的化学

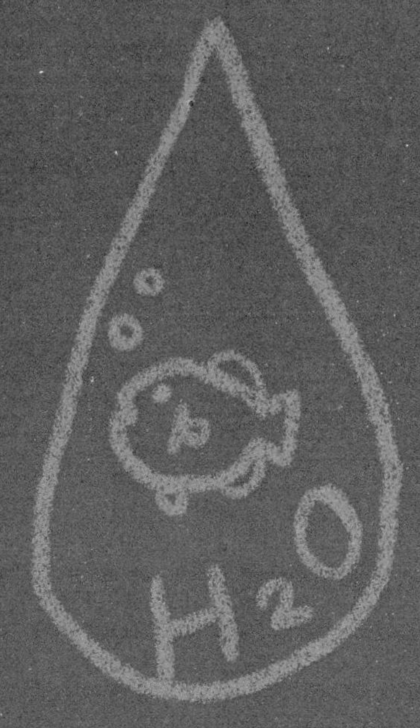

29 为什么盐可以溶于水而黄油不能

水和酒精可以互溶成为酒，而水和油却不能互溶。为什么有些物质可以互溶而有些不能互溶呢？

◎相似相溶原理

含有两种以上成分的液体叫作溶液，溶液的成分中，被溶解的物质叫作溶质，能溶解其他物质的物质叫作溶剂。例如盐水中，盐是溶质，水是溶剂。一般情况下，溶液有相似相溶原理。

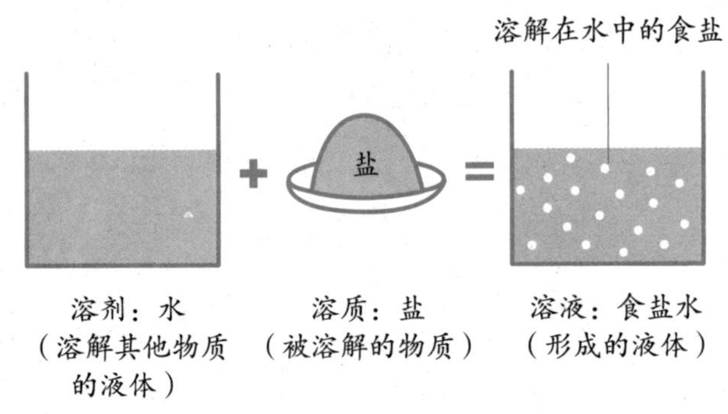

图 5-1 溶液有相似相溶原理

水的分子式是H_2O，结构式是H-O-H，氢原子和氧原子对电子的吸引力不同，氧原子的吸引力更强，因此氧原子得到电子呈负电荷，氢原子失去电子呈正电荷，也就是变成了H^+-O^--H^+。像这样分子中含有带正电荷的部分和带负电荷的部分的物质一般叫作离子化合物（极性物质）。盐（氯化钠）也是离子化合物，是Na^+Cl^-。因为盐和水都是离子化合物，相似所以能够互溶。

◎不相似物质不互溶

油是有机物，并非离子化合物，因此水和油不互溶，盐也并不溶于油。但和油同样是有机物的黄油就能溶于油。

一般认为，贵金属金只可溶于硝酸和盐酸按 1∶3 的比例混合而成的王水之中，其实，金也可以溶于水银中，生成像泥巴一样的物质金汞齐。这是因为水银是液体金属，和金一样都是金属。但水银溶解不了水或者油。

表 5-1 互溶物质和不互溶物质

		离子性 NaCl 氯化钠	有机化合物 黄油	金属 Au金
溶剂	离子性 H_2O 水	○	×	×
	有机化合物 油	×	○	×
	金属 Hg 水银	×	×	○

注：○代表互溶
×代表不溶

◎镀金

日本奈良的大佛现在露出了铜的基底，呈巧克力色，但在铸造大佛的日本天平时代，佛像是镀金的，闪耀着金灿灿的光辉。在没有电的天平时代（724—781），镀金到底是如何做到的呢？

镀层[①]在没有电的情况下依然可以进行，那就是使用金汞齐。汞齐是水银和其他金属的合金的统称，金汞齐自古以来一直被用于镀层。

金和水银按照一定的比例混合制成汞齐后，涂抹在铜铸造的大佛表层，之后在大佛内部用炭火紧贴着金属加热，水银的沸点是357 ℃，相对较低，这样一来水银会从汞齐中蒸发出来变成气体。大佛表面就仅有金残留，镀金成功。

但蒸发后的水银变成气体，与大气混合在一起，混合着雨水降落在地面并渗透至地下。从水俣病公害我们可以知道水银是危害非常大的金属，有分析认为，日本奈良都城 80 年后迁都到长冈京的原因之一就是水银公害。

---

① 镀层是指在金属或者树脂等材料的表面沉积一层铜、镍、铬、金等金属薄膜的技术。一般是利用电能，使溶液中的金属阳离子发生还原反应，在材料的表面成膜。

30 金鱼的嘴为什么会在水面上一张一翕

生活在鱼缸中的金鱼如果有异常的举动，有很大可能是鱼缸的环境发生了某种变化。金鱼的嘴常常会一张一翕，这究竟是发生了什么呢？

◎溶解度

金鱼一张一翕地张嘴并不是在寻找食物，而是在寻找氧气。

金鱼离开氧气就无法存活，靠呼吸溶解在水中的氧生存，水中的氧气变少的话，金鱼为了呼吸空气中的氧气，就会把嘴露在空气中，一张一翕地呼吸空气。

图 5–2

溶解在一定量的溶剂中的溶质的量叫作溶解度。图 5–3 显示了食盐（氯化钠）和硝酸钾等结晶（固体）的溶解度随温度变化的变化曲线。

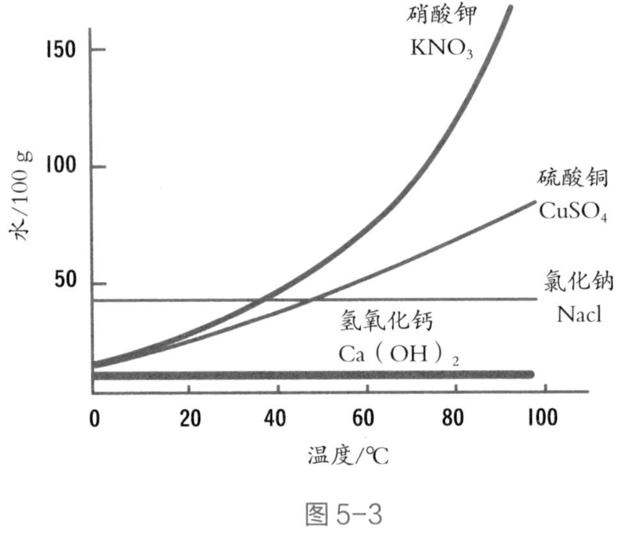

图 5-3

氯化钠和氢氧化钙（消石灰）随着温度的变化溶解度并没有明显变化，但从其他的物质可以看出，温度上升溶解度也会提高。关于这一点，我们日常生活中也有所体会，砂糖在热水中要比在常温的水中溶解得多。

◎气体的溶解度

图 5–4 显示了气体的溶解度随温度变化的曲线，气体的溶解度与固体物质相比，曲线呈下降趋势，也就是说随着温度的上升，溶解度会下降。

金鱼会一张一翕地张嘴就是这个原因，水温升高后，氧气的溶解度会明显下降。夏天鱼缸的水温上升，这会导致水中的氧（溶解氧）减少。因此金鱼会变得缺氧，为了呼吸空气中的氧气才会挣扎着把嘴伸出水面呼吸空气。

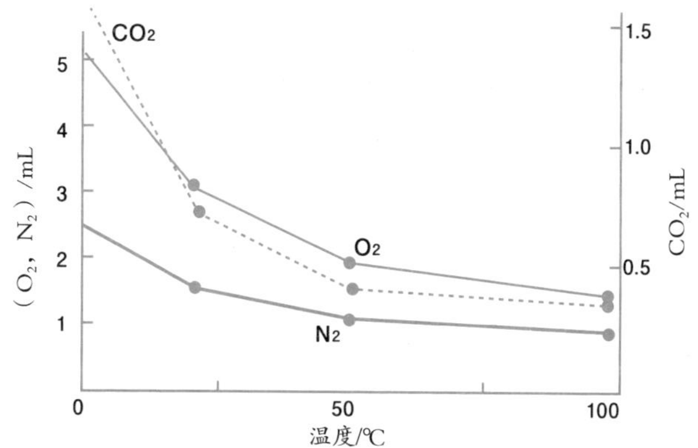

1 大气压时溶解在 1 mL 水中的气体体积（标准状态）

图 5-4

◎泡澡时的奇怪现象

想必大家都体验过，刚放好的洗澡水，第一个人进去泡澡时，身体的毛发、汗毛上会出现一个一个的小气泡，映衬得身体仿佛闪着银色，这也跟气体的溶解度有关系。

冷水加热后空气的溶解度会下降。因此，热洗澡水中溶解了超出空气溶解度的空气，这种状态叫作过饱和。过饱和状态的溶液受到刺激后，超过溶解度部分的气体就会变成气泡排出去，这就是汗毛上附着的小气泡。

但这种现象只会出现在第一个进去泡澡的人身上，第二个人进去时，洗澡水中多余的空气已经变成气泡排出去了，就不会再出现气泡。虽然是很细微的事情，但所有的自然现象背后都有着合理的解释。

31 用水烤鱼的烤箱原理是什么

加水使用的水波炉可以用水来烤鱼。其中水的形态变化为物理变化。这个跟内衣的发热原理一样，究竟是怎么样的构造呢？

◎状态变化

用水煮鱼的话大家都比较熟悉，那用水烤鱼又究竟是怎么一回事呢？其实说是水，但更准确点来说应该是用水蒸气来烤鱼。任何物质都一样，受压力和温度的影响会发生变化，水也是如此。

1个大气压下，0℃（熔点）以下是结晶状态的水，0℃～100℃（沸点）之间是液体状态的水，而100℃以上则变成气体状态的水蒸气。气体状态的水就是水蒸气，和液体状态的水完全不同，水蒸气同空气一样是气体。像上述的变化叫作物质的形态变化。

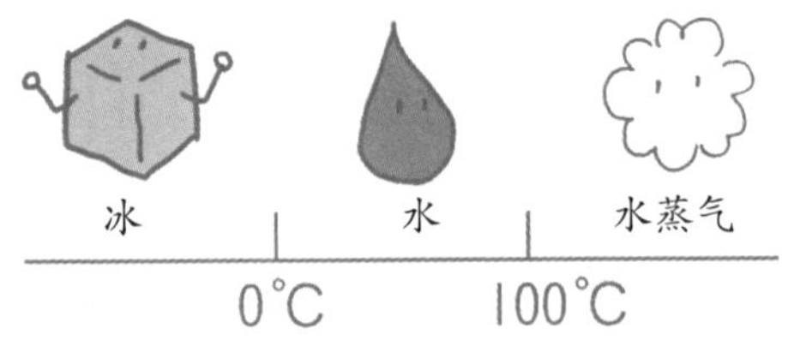

图 5-5

◎过热水蒸气

和普通的气体一样，水蒸气也可以加热到 200 ℃，也可以加热到 500 ℃，一般称这种高温水蒸气为过热蒸汽。

水波炉利用的水并非指液体状态的水，而是过热水蒸气。也就是说，普通的烤箱是利用加热至高温的“气体状态的空气”来加热食物，而水波炉是利用加热至高温的“气体状态的水（水蒸气）”来加热食物。因此用水烤鱼并非什么异想天开的事情。

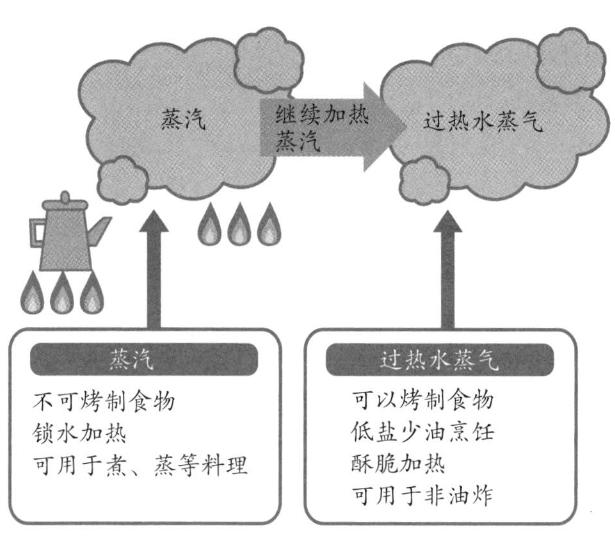

图 5-6 蒸汽和过热水蒸气的区别

◎凝结热

如果仅仅是因为这样的话，没有必要特别使用水蒸气，利用空气即可。为什么必须使用水蒸气呢？关键就在于凝结热。

我们都知道夏天的时候撒些水会凉快些，这是因为水汽化成水蒸气时吸收汽化热（蒸发热）。1 克 100 ℃ 的水汽化成 100 ℃ 的水蒸气需要吸收 540 卡路里[①]的热量。而凝结热是与此相反的一种热量。也就是说，1 克 100 ℃ 的水蒸气液化成 100 ℃的水时，需要放出 540 卡路里的热量。

因此在使用高温的水蒸气进行加热时，不仅受水蒸气本身的热量影响，水蒸气附着在食物上，每克水蒸气变成液体的水时释放出的 540 卡路里热量会再次加热食物。这才是水波炉真正的价值所在。

发热内衣的原理同样是利用凝结热。它是利用人体蒸发出的水蒸气变成汗液时放出的凝结热来为身体保温的。

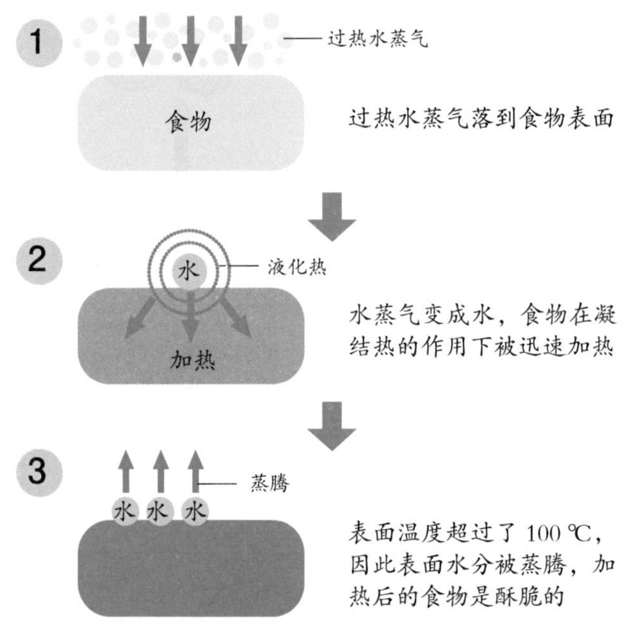

图 5-7 过热水蒸气加热食物的原理

---

① 1 卡路里（cal）≈4.1859 焦耳（J）。

32 制作混凝土时添加的水去哪儿了

混凝土是水和水泥混合而成的，制作过程中添加的水去哪儿了？看起来是水干了之后混凝土就凝固了，实际情况并非如此。

◎水泥的成分

混凝土是灰色的水泥（水泥粉）、沙子、石子和水混合制成的。水泥、沙子、石子和水的体积比是 1∶3∶6∶0.6，混合后，浇注进钢筋架构的模板中，静置几日后就基本做好了。

水泥是石灰石（碳酸钙）与黏土（氧化铝、二氧化硅等的混合物）、硅石（二氧化硅）、氧化铁等物质细细研磨混合后，在水泥窑中烧制成半成品水泥熟料，再在水泥熟料中添加石膏并细细研磨成粉状后就形成了水泥。

在水泥窑中烧制的时候，石灰石会释放出二氧化碳，分解成氧化钙（生石灰）。这个过程中生成的二氧化碳的质量占石灰石质量的 44%，因此水泥业也被称为二氧化碳重排放产业。

$$CaCO_3 = CaO + CO_2$$

石灰石　生石灰

另一方面，近几年，为了减少天然原料的使用，水泥业也在尝试利用火电厂烧煤产生的煤灰、炼铁厂从铁矿石中提取铁后产生的废弃物、或者建筑工地上的土沙等物质。

◎混凝土凝固的原理

可能会有人认为加水制作而成的混凝土会凝固，是因为水蒸发了，其实不是的。混凝土中的水消失的话，混凝土就又会恢复成原本的水泥、沙子和石子。混凝土之所以能够凝固，是因为水和水泥发生了化学反应。

水泥和水混合在一起之后，两者会发生剧烈的化学反应并释放出热量。[①]其实只要想一想以前点心或其他东西的包装里放的生石灰干燥剂就明白了，干燥剂的袋子上写有“不可浸水 危险”的字样。生石灰遇水会释放出大量的热量，生成消石灰（氢氧化钙），严重时甚至可以引发火灾。

这种反应会生成一种叫水泥水合物的物质。水泥水合物能够把混凝土中的沙子和石子粘在一起，起到黏合剂的作用,能够促使坚固的混凝土的产生。

水泥遇水后会立刻发生水化反应，1 天后水泥开始凝固，一般的水泥大概 1 个月后水化反应结束，混凝土成形。

---

① 这个化学反应叫作“水化反应”。

33 酸和碱究竟是什么

> 我们都学过酸可以使蓝色石蕊试纸变红，碱可以使红色石蕊试纸变蓝。那酸和碱究竟是什么？

◎水的分解

水是稳定的化合物，很少会发生分解，但如果量非常少的情况下会进行分解。分解出数量相同的氢离子H^+和氢氧根离子OH^-。

$$H_2O = H^+ + OH^-$$

像这样可以解离出相同数量的H^+离子和OH^-离子的物质叫作两性物质，同时存在数量相同的H^+离子和OH^-离子的状态叫作中性。

◎酸和碱

物质中也有像盐酸（HCl）这样，只解离出H^+离子的物质，和像氢氧化钠（NaOH）这样只解离出OH^-离子的物质。只解离出H^+离子的物质叫作酸，只解离出OH^-离子的物质叫作碱。因此，酸和碱指的是物质的种类。

酸有硝酸、硫酸、醋中含有的醋酸、碳酸饮料中含有的碳酸等。碱有氢氧化钙（消石灰）、碳酸钠、碳酸氢钠（小苏打）等。[①]

◎酸性和碱性

把酸溶于水后，酸解离出H^+离子，这样溶液中的H^+离子数量比OH^-离子数量多，这种状态叫作酸性。相对地，把碱溶于水后，碱解离出OH^-离子，这样溶液中的OH^-离子数量比H^+离子数量多，这种状态叫作碱性。

也就是说，H^+离子多的状态是酸性，OH^-离子多的状态是碱性。因此酸性和碱性是用来描述溶液的性质的词语。

◎pH（氢离子浓度指数）

我们可以用pH这个指标来表述溶液是酸性的还是碱性的。把中性的pH值定义为 7，pH比 7 小的状态定义为酸性，pH比 7 大的状态定义为碱性。

当然pH的数字越小，酸性越强，pH的数字每小一个，H^+离子的浓度就高 10 倍。碱性也是同样，数字越大碱性越强。

根据水溶液pH的不同而显示不同颜色的物质可以用来测试溶液的pH值。这种物质叫作pH指示剂。

---

① 也有不称作碱，而称作碱基的说法。严格意义上来说，两者是不同的概念，但可以简单认为碱基包含碱。

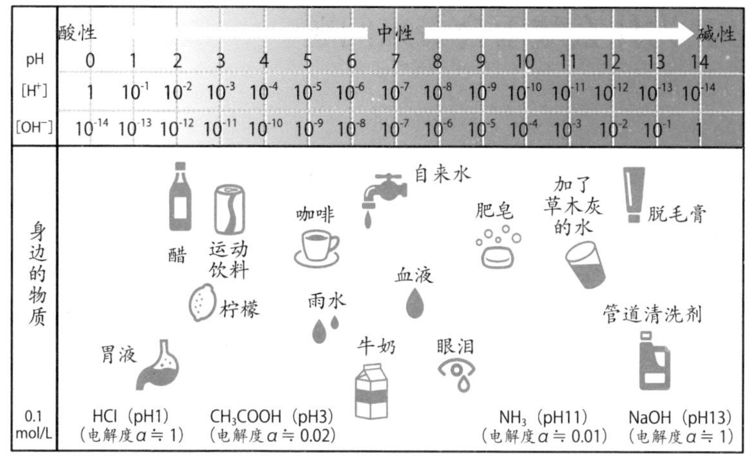

图 5-8 身边的水溶液的pH

生活中常见的彩色胶棒可以作为pH指示剂用。彩色胶棒中含有遇碱变蓝、遇酸变透明的指示剂。这个胶棒装在容器中时是弱碱性呈蓝色，涂在纸上后受空气中二氧化碳的影响，碱性变更弱，颜色消失。

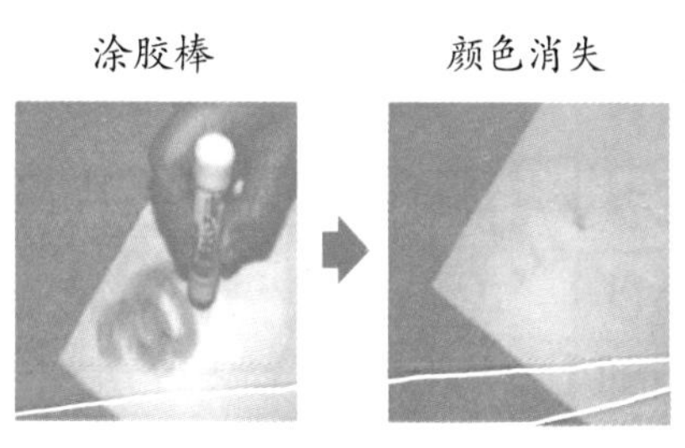

图 5-9

34 为什么酸雨会带来问题

酸雨、全球变暖、臭氧空洞等影响整个地球的环境已经成为人们关注的问题。其中臭氧空洞问题在各方面的努力下，事态已经有所缓和。但其他两个问题依然没能得到解决。

◎什么是酸雨

雨是云中降落水滴的现象，那么水滴自然会从空中，也就是空气中通过。空气中含有二氧化碳，二氧化碳会溶于雨水中，溶于水后会生成碳酸（H_2CO_3），碳酸就是碳酸饮料的原料，是酸味的酸。

因此，地球上降落的雨必然含有碳酸这种酸，也就是说所有的雨都是酸性。一般认为这种雨的pH值在 5.3 左右，因此被特别提出来的“酸雨”指的是pH值小于 5.3 的雨。

◎酸雨的原因

是什么导致雨的pH值低于 5.3，也就是酸性增强了呢？有两种物质，SO_x硫氧化物和NO_x氮氧化物。

煤炭、石油等化石燃料中含有硫黄化合物、氮化合物等不纯物质。硫黄化合物燃烧后生成硫氧化物。硫氧化物的种类很多，硫黄原子S和x个氧原子O结合而成的硫氧化物统统表示为SO_x。与此同理，氮氧化物也可以统统写作NO_x。

SO_x溶于水后可以生成以硫酸（H_2SO_4）为代表的强酸，同样NO_x溶于水后可以生成以硝酸（HNO_3）为代表的强酸。换言之，化石燃料燃烧生成的SO_x和NO_x导致酸雨，归根结底化石燃料的燃烧才是酸雨产生的原因。

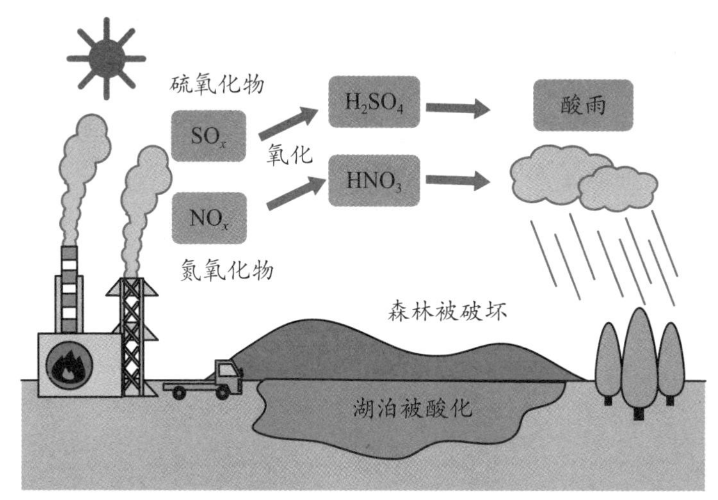

图 5-10 酸雨的形成

◎酸雨的影响

酸雨的影响体现在很多方面，首先室外的金属制品会生锈。已经在室外装饰了几百年的青铜制品现在也因为生锈的原因要被收进室内，取而代之的是复制品，这已经成为现在的常识。

其次，酸雨最大的问题是对植物的影响。山林间的植物受酸雨的影响会枯萎，光秃的山丧失了保水力，遇到强降雨时会引发洪水，山体表面肥沃的土壤会流失，之后山林地区会丧失养育植物的肥力。

除此之外，在北欧以及北美的众多国家，多条河流及湖泊因为被酸化，导致部分湖泊中鱼类消失。河流和湖泊酸化会造成水中的昆虫、贝类以及甲壳类等鱼类的食物减少，并且水草等水中的植物也会受到影响。

酸雨最终导致的结果就是沙漠化。现在沙漠化在地球的各个地方蔓延，数据显示地球上每年约有相当于日本国土面积 1/4 的土地变成了沙漠，地球陆地面积 1/3 的土地已经成了降水量少于蒸发量的沙漠地带。

现在，在化肥、农药、“绿色革命”①等的作用下，日本的粮食基本可以满足供给。但地球已经被逼到了一条退无可退之路。

图 5-11

① 1940—1960 年，随着高产品种的引进以及化肥的大量使用，谷物的生产效率提高，实现了谷物的大增产。

第六章

"生命"的化学

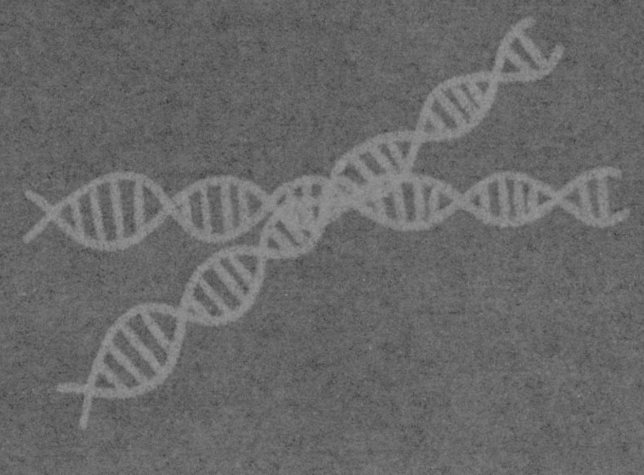

35 细菌和病毒也是生命体吗

有生命的物质叫生命体，没有生命的物质叫非生命体。两者的区别看似简单，其实出乎意料的复杂。那么哪些属于生命体，哪些属于非生命体呢？

◎生命体的条件

生物的定义需要具备以下 3 个条件：

①可以自我复制，遗传（具有DNA、RNA等核酸）；
②可以自己获得能量（可以进行代谢、呼吸）；
③有细胞结构。

这 3 个条件，单细胞生物的细菌可以全部满足，因此毫无疑问，细菌属于生物。

那么病毒呢？首先第二个条件，病毒本身无法自己获得能量。病毒需要从宿主那儿获得能量，否则就无法活动，病毒必须寄生在宿主身上。

图 6-1 生命体与非生命体

◎病毒不是生命体

决定病毒不是生命体的关键是第三个条件，病毒没有细胞结构。细胞结构是指细胞膜包裹的结构，生命的维持和遗传所必需的活动都在细胞膜内部进行。因此，没有细胞膜就无法形成细胞结构。

关于第一个条件，毫无疑问，病毒具有DNA、RNA等核酸，可以进行自我复制。但病毒没有细胞膜，无法形成细胞和细胞核。病毒只能把核酸放置在蛋白质容器中，也就是说病毒只有一个包裹在蛋白质容器中的核酸。这样想的话是不是就能够理解病毒是物质（非生命体）这件事情了呢？因此，病毒内部甚至有可以形成结晶体的物质。

◎细胞膜

那么，对生命体如此重要的细胞膜究竟是什么呢？细胞膜不是像保鲜膜①那样的薄膜，而是类似肥皂泡。肥皂泡是肥皂分子聚集而成的，细胞膜是一种叫作磷脂的类似脂肪的分子聚集而成的膜。

组成细胞膜的分子之间并没有结合在一起，仅仅是聚集在一起。因此分子可以自由地在细胞膜里移动，也可以自由地离开再回来。由于细胞膜可以自由流动，因此细胞可以分裂增殖成2个，也可以将外部的营养成分吸收到内部，将内部的废弃物排放到外部。

可以说正是细胞膜的这种特性支撑着生命活动这种动态活动。

---

① 原文是“Saran Wrap”，Saran Wrap是食品保鲜膜品牌，由日本旭化成家庭用品株式会社于1960年推出。

如果细胞膜是像保鲜膜那样的膜的话，应该就不会诞生生命体这种进行动态活动的生物。

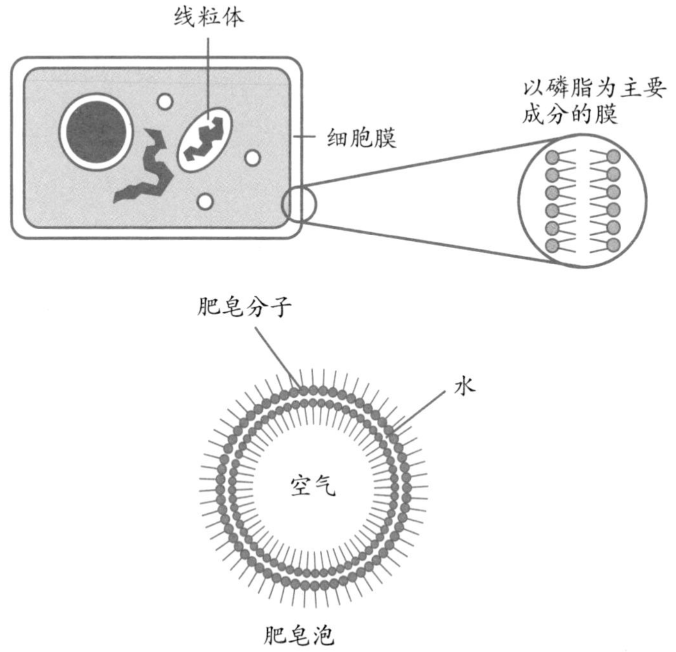

图 6-2 细胞膜的结构和肥皂泡的原理

36 为什么植物的生长需要阳光

植物的生长需要水，同时，植物如果是放置在采光不足的地方的话也长不好。为什么植物需要水和光呢？

◎光合作用

对植物来说，它们的食物是水和二氧化碳，空气中含有0.03%浓度的二氧化碳，且空气充斥在各个地方，因此没有必要再专门给植物供给二氧化碳。

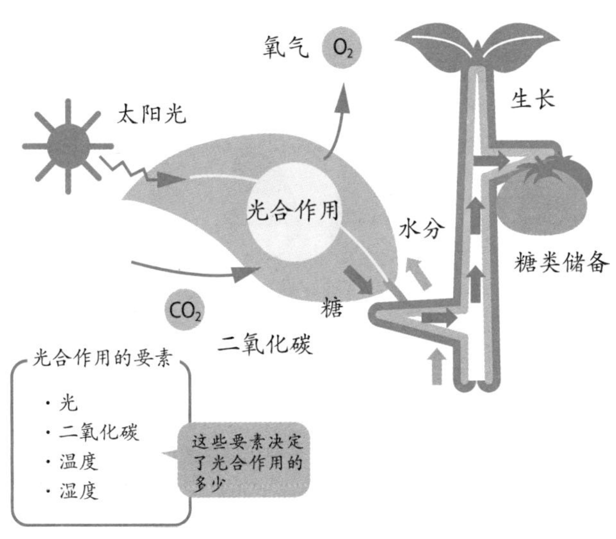

图6-3 光合作用的原理

那光为什么也是必需的呢？这是因为光含有叫作光能的能量。植物借助光能的力量，与水和二氧化碳发生反应，生成葡萄糖等糖类，这种反应叫作光合作用。光合作用生成的葡萄糖会再次进行化学反应，变成众多葡萄糖分子聚合的淀粉、纤维素等植物生长所需要的成分。

因此，如果没有光的话，植物就无法生长。

◎叶绿素

植物之所以是绿色的，是因为植物的叶子和茎细胞中含有一种叫作叶绿体的绿色细胞器。叶绿体中含有叫作叶绿素的分子，这是光合作用进行的关键分子。

哺乳动物的红细胞中含有氧和运载氧的血红蛋白，血红蛋白中含有血红素这种分子。叶绿素和血红素的结构非常类似，不同的是分子中心的金属原子不同，叶绿素含有的是镁原子，而血红素含有的是铁原子。

图 6-4 叶绿素和血红素分子中心所含的金属原子

◎植物是太阳光能的储蓄罐

植物利用太阳光能生成淀粉、纤维素。兔子、牛等食草动物啃食植物成长，而狼、狮子等食肉动物又通过捕食食草动物成长。可以说狼也好，狮子也好，没有植物就没有它们的食物，就无法生存下去。这样看来，需要光的不仅仅是植物。

食草动物和食肉动物最终都依赖太阳的光能生存。从这个层面上讲，太阳为所有的生物提供生命力的源泉，所以应该说植物是太阳光能的储蓄罐。

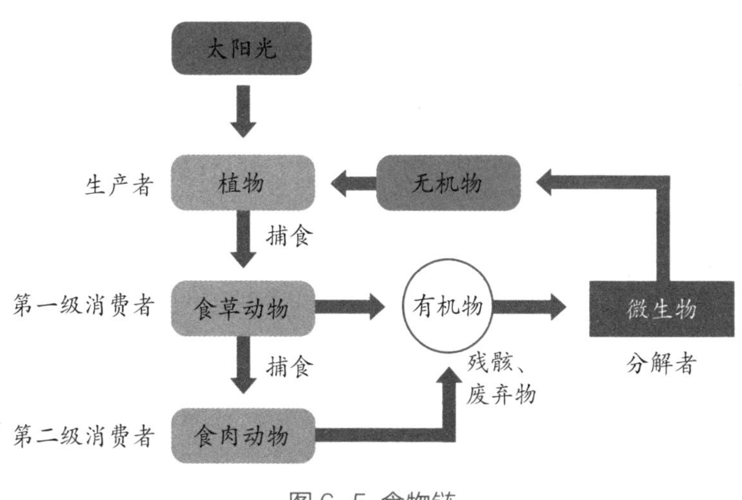

图6-5 食物链

37 DNA决定遗传，是真的吗

遗传指的是亲代的性状传递给后代的现象，遗传是生物特有的机能。我们都知道起遗传作用的是DNA和RNA，那其原理又是什么呢？

◎DNA（脱氧核糖核酸）是什么

生物是根据遗传信息来进行种族的延续、成长和维持的，这个遗传的本质就是DNA。①

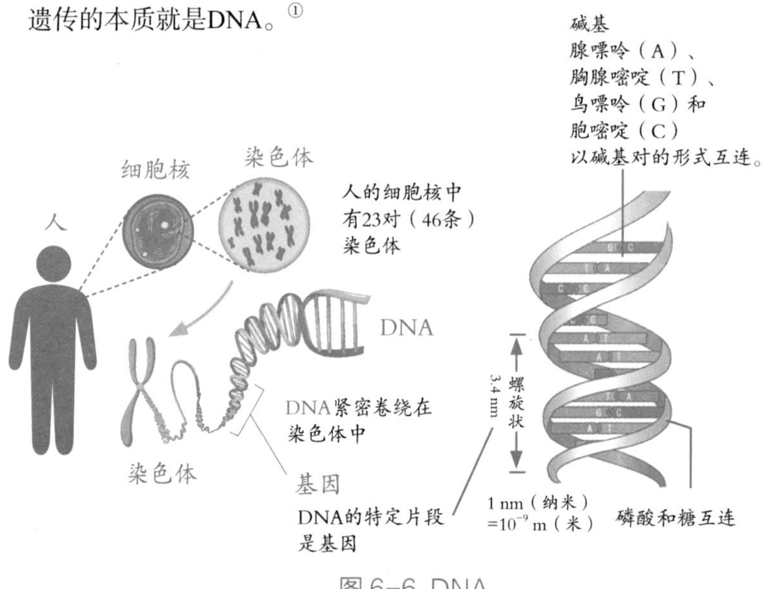

图6-6 DNA

① DNA和RNA都是核酸的一种，DNA是脱氧核糖核酸，RNA是核糖核酸。两者都是由众多磷酸和碱基的聚合分子聚合而成的高分子。

那么，DNA起什么作用呢？其实，DNA是“遗传指导手册”，并没有具体机能。DNA中，4个字母（碱基）以特定的顺序排列，这些碱基序列中包含了蛋白质的氨基酸序列信息。因此DNA可以说是“蛋白质的设计图”[①]。

◎RNA（核糖核酸）是什么

与DNA名字类似的还有RNA。DNA在亲代细胞分裂的过程中进行分裂复制，并把完全相同的DNA传递到子代细胞中。子代细胞从DNA中提取遗传因子部分并进行编辑，这样就形成了RNA。

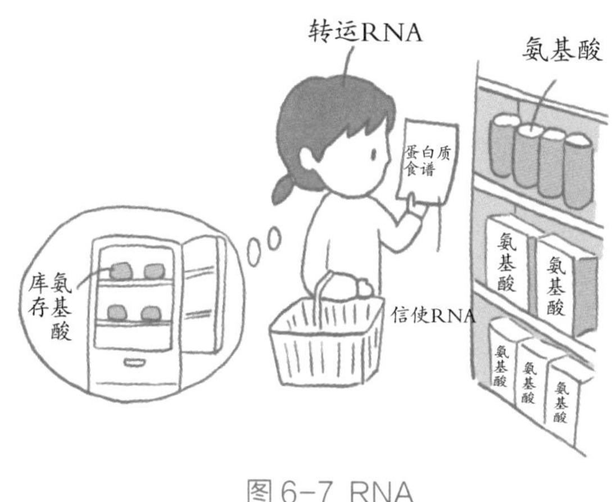

图6-7 RNA

RNA的种类有几种，一种是被称为剪切版DNA的RAN即信使RNA（mRNA）。它同样也是蛋白质的设计图，并不发挥具体

---

① DNA的分子非常长，并不是所有的分子都是蛋白质的设计图，设计图部分叫作“遗传因子”，遗传因子仅占DNA的5%，其余的被称为junk（垃圾）DNA。

的机能。以这个设计图为蓝本生成蛋白质的RNA叫作转运RNA（tRNA）。转运RNA以信使RNA的设计图为模板，将对应的氨基酸运输到反应位置，使其与设定在此处的氨基酸结合。

不断持续重复这一步骤，就可以合成DNA指定氨基酸排列顺序的蛋白质。

◎蛋白质的机能

按照DNA指定合成的蛋白质有什么机能呢？蛋白质能够构成各种酶，指挥着生化反应（保证生命维持和细胞增殖的化学反应）。在DNA的指挥下合成的“酶类大军”构成接下来的单个组织。也就是说，DNA并不能直接指示肤色、头发的颜色、身高、脑袋是否聪明等方面。

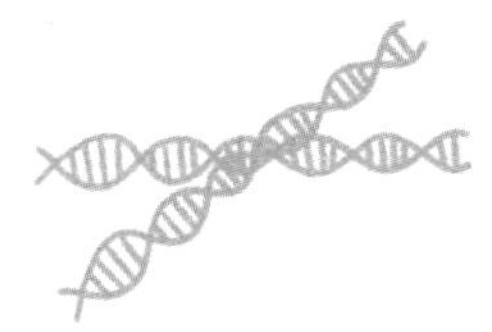

38 转基因作物是什么

转基因作物持续引发着舆论，转基因作物是指把各种作物的优点组合在一起制成的作物，安全性令人担忧。

◎DNA 排列

1953 年，人们发现DNA的结构是 4 种单位分子ATGC连续连接而成的 2 条DNA分子链缠绕组成的双螺旋结构。接下来的问题是，生物DNA的ATGC是以什么顺序排列的？特别是人的DNA又是如何排列的？直到 2003 年人类才破解了DNA的全部排列。

DNA有不起任何作用的垃圾部分，和发挥重要作用的遗传因子两部分。

◎遗传工程学

人类的基因组[①]破解后，其他生物的基因组破解起来就容易了。因此，之后人类又破解了众多其他生物的基因组。在此基础上，又破译了支配某种生物的某种特性的基因片段位于什么地方。

此时，有一种想法萌发了：把生物A的特定遗传因子提取出

① 原文是：Genome，该词是组合词，是基因 gene 和染色体 chromosome 两个词语的组合，意思是 DNA 的所有遗传信息。

来，再整合到生物B的DNA中的话，A的优良特征是不是也会表现在B上呢？在这种理论下进行的研究叫作遗传工程学，其中的一环就是转基因。

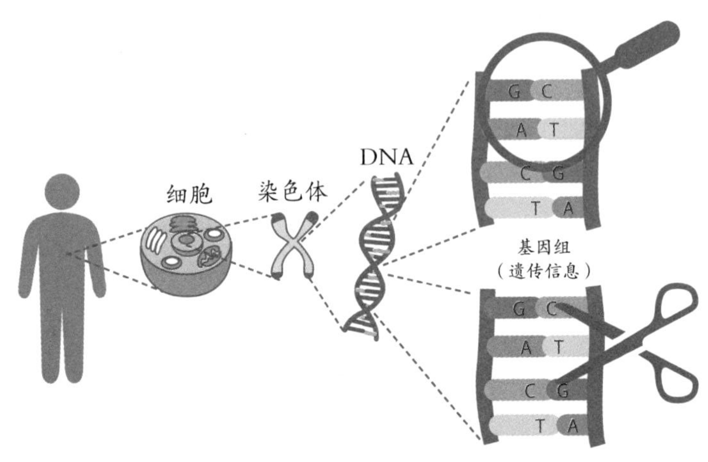

图 6-8 遗传工程学

◎**转基因**

其实，很久以前就已经存在某种形式的转基因了，那就是交配。乳汁充沛的牛和健壮的牛交配就生出了既健壮又乳汁充沛的奶牛。

但交配存在限制，牛不能和狮子交配，也就是说，交配存在生物的物种局限性。但遗传工程学的转基因技术就不存在这种局限。只需要把生物A的优秀基因从DNA中化学剪切出来，然后整合到生物B的基因中即可。只需要进行如此简单的操作，A的特性就可以在B上体现出来。夸张点说，转基因技术甚至能将希腊神话中出现的人头马身的幻想生物变为可能。

目前转基因技术已经有了实际应用，多种转基因农作物已经开始在市场销售。在日本，大豆、玉米，油菜籽、土豆、棉花、苜蓿等已经取得了进口销售许可。

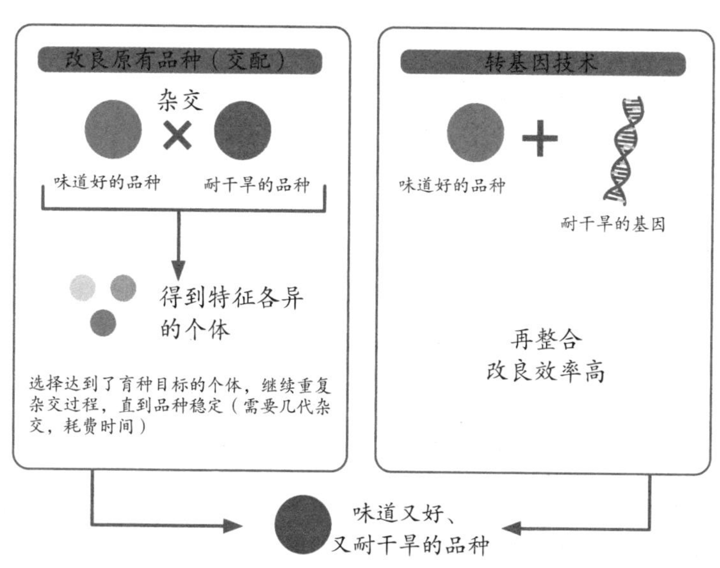

图 6-9 转基因

39 基因编辑是什么

通过基因编辑，人类制造出了肌肉含量提升了20%的鲷鱼的新闻引起了轰动。DNA经过人为加工，可以制造出人类想要的特征。

◎什么是基因编辑

基因编辑指的是对生物的DNA、基因、基因组进行修饰的过程，是遗传工程学的一种。但问题在于“编辑”这一词语，为了便于理解，下面以图书的编辑为例进行说明。

首先作者写完原稿后，会把原稿交到出版社的编辑手中。编辑对原稿进行编辑后再返还给作者，请作者确认是否合适。如果没有问题，那稿件就会被送到印刷厂印刷成书后出版。

问题就在于编辑的过程中，进行了哪些加工。编辑不同，加工也会有很大的差异。有些编辑仅仅是修正错字、漏字、助词以及语法错误，而有些编辑会调整文章的顺序、删除不必要（编辑认为不需要的）的地方，有时还会追加一些内容（编辑写的）。

基因编辑就是对DNA进行如上的“编辑”。

◎转基因和基因编辑

但目前基因编辑的“编辑作业”受到限制，仅可在以下的操作范围内进行编辑。

①删除不必要的基因组
②变更基因组的排列顺序

这一要求有重要的意义。意味着基因组编辑的前后过程中，不能在DNA中添加其他的基因组，也就是说禁止添加其他的生物遗传信息，这就避免了转基因技术可能合成半兽半人似的幻想生物的担忧。

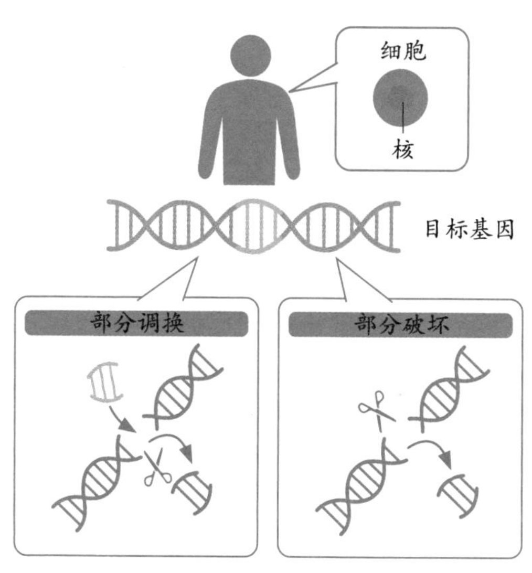

图 6-10 基因编辑原理

通过基因编辑使鲷鱼的肌肉含量提升了 20%，这是把鲷鱼原本携带的“肌肉含量达到一定程度后不再增加”的基因组删除掉了。

但是这样做真的好吗？鲷鱼原本携带有限制肌肉含量的基因组是不是有其相应的必要性呢？删除掉这个基因组，人为地把鲷鱼变成“肌肉鱼”，假使出现其他的问题也毫不奇怪。

虽然有部分观点认为，在允许基因编辑之前，应该先探讨上述问题，但基因编辑似乎是大势所趋，在不久的将来，我们说不定会迎来“基因编辑 6 块腹肌”的时代。

基因编辑

基因

有针对性地
直接编辑

直接切除目标基因，使基因发生改变，容易得到想要的特征

转基因

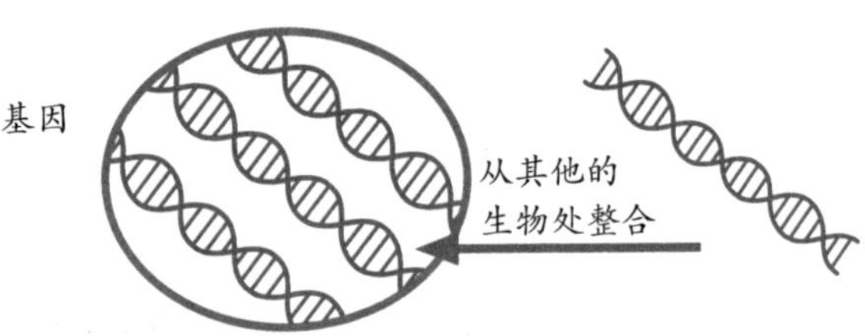

有时基因整合并未达到设想的效果，制作花费时间，也有可能发生意料之外的变化

图 6-11 基因编辑和转基因的不同

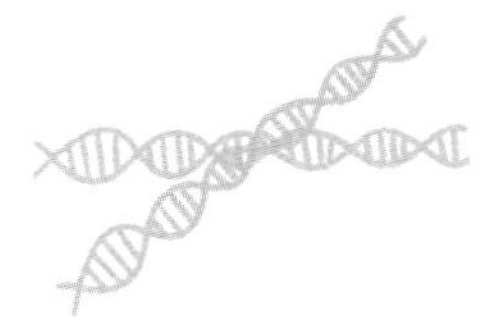

40 蛋白质是疯牛病的原因吗

曾有一段时间，疯牛病这种可怕的疾病几乎在全球蔓延。吃了患有这种疾病的牛的骨髓的话，人类也会患上这种病，脑组织会变成海绵状并导致死亡。

◎疯牛病的原因

疯牛病是牛身上发生的一种疾病，又称BSE（牛海绵状脑病），是存在于大脑的神经组织以及肠内的叫作朊病毒蛋白的蛋白质变异引起的。蛋白质除了组成肌肉以外，还有另外一个重要的功能，那就是合成各种酶，控制着生物体内的生化反应。哺乳动物体内运输氧气的血红蛋白也是蛋白质的一种。正常的朊病毒蛋白也是蛋白质的一种，是存在于生物体内起着某种重要作用的蛋白质。

疯牛病的可怕之处就在于患病的原因是蛋白质。正常的朊病毒蛋白突然有一天变异成异常的朊病毒蛋白，成为病原体之后，异常朊病毒蛋白周围正常的朊病毒蛋白也会发生变异，并且这种连锁变异会不断地传播下去，最终导致病情恶化。

◎蛋白质的平面结构

要想了解正常的朊病毒蛋白的变异，需要了解蛋白质的结构。蛋白质是种高分子，跟塑料类似。蛋白质是以 20 多种氨基酸为基本组成单位，以不同的数量、按照不同的顺序排列而成的。氨基酸的种类和排列顺序是氨基酸的平面结构。

以人类为例，正常的朊病毒蛋白是由 253 个氨基酸组成的，为方便理解，可以把这种蛋白质想象成由 253 个小圆环组成的一条长链。

◎蛋白质的空间结构

蛋白质长链是按照一定的形状折叠而成的，这叫作蛋白质的空间结构，对蛋白质来说起着非常重要的作用。

对比正常的朊病毒蛋白和异常的朊病毒蛋白可知，它们的平面结构，也就是氨基酸的数量、种类、排列顺序并没有任何不同。但是异常的朊病毒蛋白的折叠方法，也就是空间结构存在问题。

想象一下西装衬衫的折叠就容易理解了。西装衬衫的折叠有一定的要求，按要求去折叠的话，出来的形状会很美观，但如果扣错了一粒扣子，形状就会非常邋遢。因此折叠方法出现了问题的朊病毒蛋白就无法发挥正常的作用了。

第七章

“爆炸”的化学

41 烟花的结构和原理

夏祭[1]的点睛之笔在于放烟花。"嗖"的一声，烟花升到空中的巨响以及绽放在夜幕中的巨大礼花，这一切都让人不禁感叹夏天真好啊。那我们就来看看烟花的构造吧。

◎火药是由什么组成的

烟花是火药的艺术。把烟花弹发射到天上，使烟花炸开都是火药的功劳。火药的种类有很多，把火药看作是能够引发爆炸的化学物质即可。火药引发的爆炸是燃烧的一种，可以看作是速度非常快的燃烧。而燃烧所必需的就是燃料和氧气。

日本江户时代的火绳枪，种子岛的推进剂等使用的传统火药是黑火药。黑火药是木炭粉碳（C）、硫黄（S）和硝石即硝酸钾（KNO_3）的混合物。因为木炭粉的缘故，粉末整体呈黑色，所以被叫作黑火药。其中，木炭和硫黄是燃料。

那硝石是做什么的呢？硝石是氧气供应剂（氧化剂）。火药的燃烧速度非常快，仅仅靠空气中的氧气无法满足氧气供应，因此需要用到硝石。1 个硝石分子中含有 3 个氧原子，因此硝石可以起到

① 夏祭是日本的传统节日，每年 8 月 15 日举办。起源于宗教，用于祈祷五谷丰登、生意兴隆和家庭兴旺，现如今演变成一种内容丰富的民俗活动。人们身着和服，逛庙会，赏烟火，成为夏季重要的节日之一。

助燃的作用。

◎烟花的颜色

烟花的构造，是在和纸①做的半球形容器中，整齐地塞入上百个被称为星体的火药滚成的小球。将两个半球容器合在一起就做成了球形烟花弹。

星体中除了火药以外，还混合有各种金属粉末。烟花在炸开时，火焰通过导线点燃星体，星体在燃烧的同时，里面的金属粉末也进行燃烧，产生发光反应，这种反应叫作焰色效应。

金属不同，焰色效应的颜色也不同。如钠（Na）产生黄色，铜（Cu）产生绿色，钾（K）产生紫色。进行组合的话，烟花的颜色还可以随时间发生变化，这正是烟花匠人的水平所在。

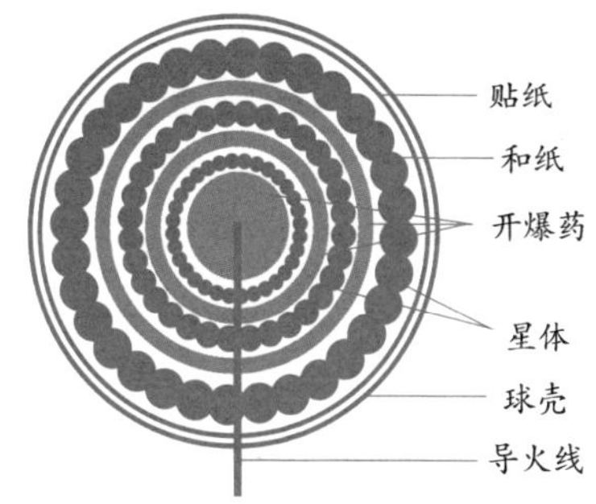

化合物	焰色反应
Li（锂）	深红色
Na（钠）	黄色
K（钾）	红紫色
Rb（铷）	深红色
Cs（铯）	紫红色
Ca（钙）	砖红色
Sr（锶）	深红色
Ba（钡）	黄绿色
Cu（铜）	蓝绿色
In（铟）	蓝色
Ti（钛）	黄绿色

图 7-1 烟花的构造和焰色反应

① 和纸是日本的传统纸张。中国的造纸术传入日本后，在此基础上制成的有日本特色的纸张。

◎硝石的制作方法

硝石是火药的重要原料，以前是用人的尿液做成的。在堆积的稻草上每天泼洒尿液，渐渐地土壤中的硝酸菌就会将尿液中的尿素 $CO(NH_2)_2$ 变成硝酸 HNO_3。然后在合适的地方把稻草放到罐子中同草木灰一起煮，硝酸会和草木灰中的钾（K）发生反应，生成硝酸钾（硝石），在罐子中析出白色的结晶。以前人们制作硝石时想必忍受了非常难闻的味道。

日本最有名的硝石产地是富山县的五箇山和岐阜县的白川乡地区，两地的合掌式古村落被列入世界文化遗产。合掌式村落的特点是大家族制，很多家族共同居住在很大的房子里，产生的尿粪的量也非常可观，这些都被用来制造火药。

硝石在黑火药是唯一的火枪用炸药时代，是重要的战略物资，属于贵重物品。反过来讲，战争如果一直持续不断的话，硝石就会被耗尽，战争也就无法继续下去。

42 矿山上用什么炸药采矿

> 矿厂用炸药把埋藏有矿石的地方炸碎来开采矿石。此外，大规模的土木工程也会用到炸药，没有炸药就没有巴拿马运河了。

◎硝化甘油

矿山和土木工程用的炸药是甘油炸药，甘油炸药是用硝化甘油制作而成的。色拉油、猪油或者牛油等，大凡被叫作“油脂”的物质构造都基本相同，是丙三醇（$C_3H_8O_3$）这种醇类化合物和叫作脂肪酸的物质聚合而成的。

色拉油和猪油的区别在于脂肪酸不同。丙三醇无论在哪种油脂上都是同样的分子结构，因此把油脂进行加水分解后，会分解出 1 个丙三醇分子和 3 个脂肪酸分子。丙三醇和硝酸（HNO_3）进行反应即可生成硝化甘油（$C_3H_5N_3O_9$）。

硝化甘油是无色的液体，密度是 1.6，非常的重。其熔点只有 14 ℃，因此在凉爽的天气下会被冻结成固体，沸点在 50 ℃ ~ 60 ℃ 之间，是非常不稳定、危险性非常高的液体，即使是瓶子掉下来这种程度的冲击也有可能造成爆炸，这样的话太过于危险，无法实际使用。

◎甘油炸药

将硝化甘油变成使用方法简单的炸药的人是诺贝尔。他用一种叫作硅藻土的藻类化石来吸附硝化甘油，这样一来，硝化甘油就变得稳定了。

如果炸药在错误的时间点爆炸就没有意义。因此诺贝尔为了使甘油炸药能够在需要的时间点爆炸发明了雷管。雷管是一种利用导火索的火点燃起爆药，从而引燃可以诱发爆炸的导爆剂的装置。

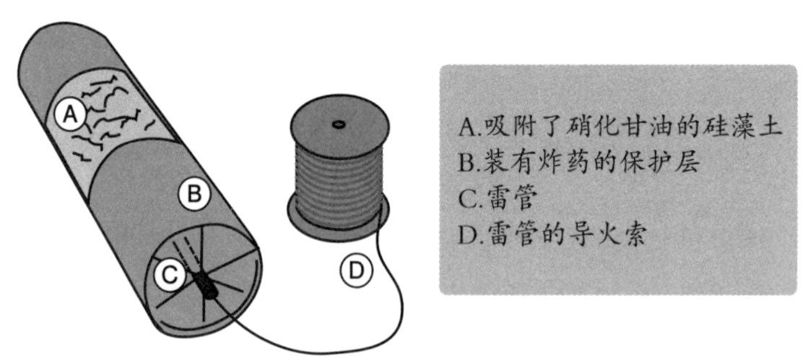

图 7-2 甘油炸药的结构

随之而来的就是甘油炸药被用来挖掘巴拿马运河，并被广泛用于大规模的土木工程中。而诺贝尔也因此积累了大量的财富，众所周知，诺贝尔奖就是用他的遗产来运营的。

◎铵油炸药

到了现在，矿山、建筑等用的主流炸药变成了铵油炸药。铵油炸药是一种使用农药的炸药。农药中的硝铵指的是硝酸铵（NH_4NO_3）这种物质，它具有很强的爆炸性。

铵油炸药是硝铵和轻油混合而成的，价格便宜、轻便、使用简单，是非常好用的炸药。其形状类似黏土，只要用它包住引信即算完成，因此还可以根据现场的实际情况来制作，使用方法灵活。

汽车的安全气囊可以瞬间膨胀起来，也是利用了硝铵等的爆发力。

图 7-3 铵油炸药

43 战场上用什么炸药

一说起炸药，大家首先想到的就是战争吧。火枪、大炮、炸弹这些都会用到炸药。我们一起来看下战场上会用到哪些炸药吧。

◎炸药的历史

现代战争中使用的炸药是三硝基甲苯（TNT），化学式为$C_7H_5N_3O_6$。由于爆炸是快速的燃烧，因此分子内氧越多则越有利，TNT中1个分子内部有6个氧原子。

中国是最早发明黑火药的国家。在很长的一段时间，战争使用的炸药都是黑火药，至今烟花用的炸药也是黑火药。但由于黑火药的烟雾较大，历史逐渐转向了使用硝化甘油或硝化棉（硝化纤维素）等的无烟火药。

日本在日俄战争中使用的是更加先进的下濑火药。[①]这种炸药使用的是苦味酸，化学式为$C_6H_3N_3O_7$。这种物质，1个分子内部含有7个氧原子，爆炸的冲击力比TNT更加强烈。但下濑火药有个致命的缺点，那就是火药是酸性的，会造成炮弹生锈，这样一来劣化的炮弹有可能在大炮的炮身中爆炸。因此，世界的趋势又转移向了

---

① 由于是日本海军工程师下濑雅允配置成功的，因此被命名为下濑火药。第二次世界大战时期，日本手榴弹的炸药主要就是下濑火药。

TNT。

◎塑性炸弹

在战场上，尤其是特殊作业中经常用到的炸弹是塑性炸弹。这种炸弹是把液体炸弹硝化甘油和TNT的粉末混合在一起，形成黏土或树脂状的物质，可以在爆炸现场根据需要捏成任意形状。不需要的时候，用火柴点火燃烧掉即可。

◎液体炸弹

液体炸弹因恐怖分子常用而有名，它是像水一样的无色透明液体。虽然称为液体炸弹，但炸药本身是白色的粉末，是把炸药溶解于水中形成液体（水溶液）。或者应该说在制作过程中已经变成了水溶液。

制作方法非常简单，像制作牛奶咖啡一样容易，因此甚至还被称为牛奶咖啡炸弹或者厨房炸弹。制作时只要把两种液体倒入大碗中混合，之后再倒进塑料瓶中加上引线即可。由于危险性过高，液体的名称就不在此处介绍了。

如今飞机的安检处会检查喝的东西，禁止携带液体就是因为液体炸弹的缘故。

44 铝罐中加入清洁剂会爆炸吗

> 爆炸并不都是火或者火药导致的。爆炸还会发生在没有任何火苗的地方。

◎日本山手线的电车车厢内发生的爆炸事故

2012 年 10 月 20 日凌晨 0 点 15 分，坐满了乘客的山手线的电车内突然发生了爆炸。爆炸导致液体溅到周围乘客身上，造成了 16 人受伤，9 人被运送至医院。

爆炸是一名女性乘客携带的盖了盖子的铝罐破裂导致的。这名女性在空的罐装咖啡瓶中装入了 400 毫升左右的清洁剂，并携带上了电车。据了解，这名女性打工的地方使用的清洁剂清洁效果非常好，因此她想带回家使用，调查发现，这个清洁剂具有强碱性。

爆炸的原因是金属铝（Al）和碱发生反应生成了氢气造成的。假设碱是最常见的碱氢氧化钠（NaOH），会发生如下反应：

$$2Al+2NaOH+6H_2O = 2Na[Al(OH)_4]+3H_2$$

氢气是爆炸性气体，如果周围有人吸烟的话，气体被火点燃将会造成非常严重的事故。此次事故是铝和碱发生的反应，但铝是两性金属，和酸也可以发生类似反应生成氢气。假设在铝罐中倒入洁厕灵，洁厕灵中的盐酸会发生如下反应：

$$2Al+6HCl = 2AlCl_3+3H_2$$

◎气体的产生会引发爆炸

像膨胀的气球会破裂一样，密闭容器中产生了超过限度的气体的话，就会发生爆炸。这时，容器越坚硬爆炸性越强。纸气球爆炸的话顶多只会觉得有点吵，但铁制容器爆炸的话就没有这么简单了。

炮弹、炸弹等都是铁容器制作的部分原因也在于此。家庭用品中比较危险的容器是玻璃，玻璃如果炸裂的话，炸飞的碎片会比刀子还要锋利。

另外，打扫卫生时会经常用到的小苏打即碳酸氢钠（$NaHCO_3$）和酸发生反应的话会生成二氧化碳（CO_2）。

$$NaHCO_3+HCl = NaCl+H_2O+CO_2$$

小苏打中加入柠檬酸，待到起泡后再使用，这是打扫卫生时常用的小技巧，利用的就是这个反应。如果为了方便使用，想多准备一些放着，就把两种东西装进玻璃瓶中盖上盖子的话，那后果将不堪设想。

柠檬酸

· 溶于水后呈酸性
· 可有效去除水垢等碱性污渍

小苏打（碳酸氢钠）

· 溶于水后呈碱性
· 可有效去除油污等酸性污渍

生成碳酸气（二氧化碳）

图 7-4

45 火灾为什么会发生爆燃

> 火灾并不是从离火源近的物质按照顺序燃烧的，而是在一段时间后，火焰会像突然爆发一样瞬间燃烧开来。分为轰燃和回燃两种情况。

◎轰燃

轰燃是家具等可燃物被火源的热量加热而引起的，持续加热可导致家具的表面温度高达数百摄氏度，进而造成燃烧的现象。

其可怕之处在于，被持续加热的过程中，家具中会产生烟以及各种气体。这些气体中混合有一氧化碳等可燃性气体。达到这些气体的着火点后会瞬间燃烧起来，这叫作轰燃。轰燃燃烧的是可燃性气体，因此轰燃可能发生在离火源较远，也就是容易产生烟雾的地方。

假设一栋 3 层建筑物的 1 楼发生了火灾，由于烟雾会往上窜，因此烟雾会蹿向 2 楼、3 楼，并弥漫整个 2 楼、3 楼。经过一段时间后，到达了着火点，烟雾和可燃物质会瞬间被点燃，2 楼和 3 楼的天井附近会受轰燃影响变成一片火海。但没有烟雾的 1 楼，除火源以外的地方有可能并不会全部被烧毁，也就是说，轰燃在烟雾容易上蹿的高层天井附近最为危险。

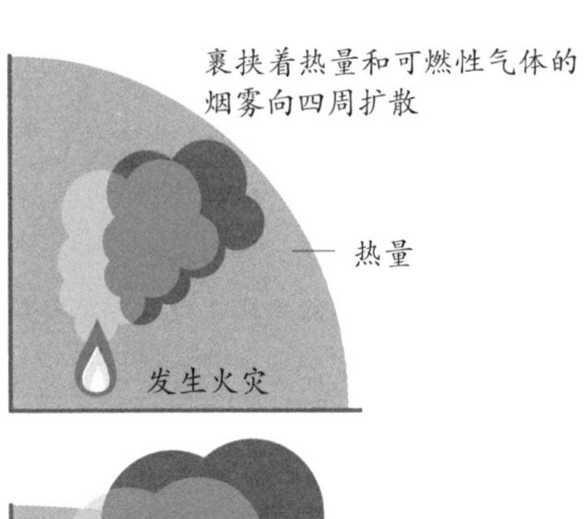

火源引燃周边，火势蔓延

图 7-5 轰燃的原理

1972 年因施工人员乱丢烟头引发火灾，造成了 118 人死亡的日本大阪千日前商场火灾，以及 1982 年因客人在床上吸烟引发火灾，造成了 33 人死亡的新日本酒店火灾都是由于轰燃而导致了人员死亡。

◎回燃

容易同轰燃混淆的是回燃。轰燃是在氧气充足的条件下发生的，而回燃是在氧气欠缺的情况下突然供氧导致的。

密闭性好的室内发生火灾，室内氧气充足时，火灾会持续燃烧，但随着燃烧的进行，氧气会被消耗殆尽，燃烧不再继续，出现火好像熄灭了的假象。但是此时的家具还处于高温状态，也还在持续散发着可燃性气体。这时如果不小心把门打开的话，新鲜的空气会涌进着火的房间，残留的火种会再次成为火源，可燃性气体瞬间被点燃爆发燃烧，这叫作回燃。

密闭仓库等地方的火灾容易出现回燃，这很容易造成消防员殉职。

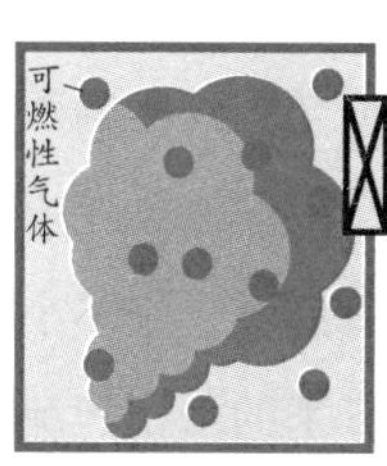

氧气消耗殆尽，火焰看上去熄灭了，但其实密闭空间内充满了可燃性气体等

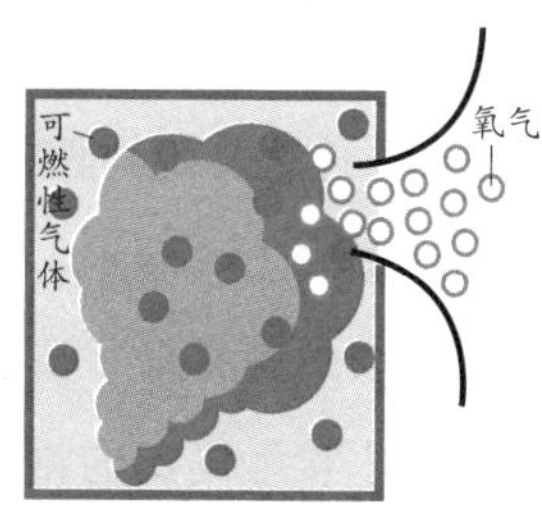

窗户等破裂后，外面的氧气会瞬间涌进密闭空间内

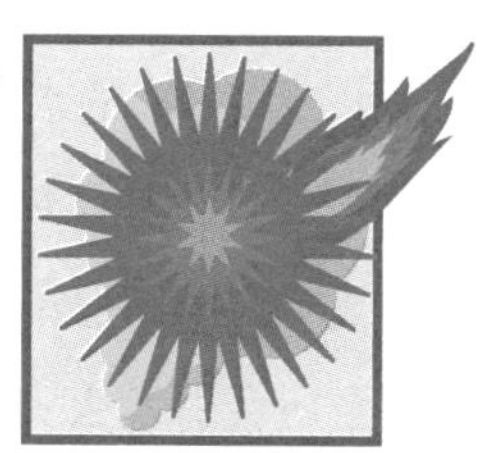

过激的氧气供应造成爆炸，火焰喷射而出

图 7-6 回燃的原理

46 水和面粉也会发生爆炸吗

> 听到水和面粉也会发生爆炸这个说法，相信很多人都会震惊吧。其实，炸天妇罗的时候最危险的就是水的爆炸。

◎水的爆炸

水变成气态的水蒸气后，体积会瞬间膨胀 1700 倍，这是剧烈的膨胀。假设，在热平底锅里滴上一滴水，水滴会瞬间沸腾变成水蒸气。体积膨胀的水蒸气会急速扩散，造成油滴四溅，一不小心甚至还会引发火灾。这种水接触高温的物体时带来的水剧烈沸腾的现象叫作蒸汽爆炸。

蒸汽爆炸现象在厨房经常会发生。炸天妇罗时，在锅中下入虾，虾尾有可能会炸开造成意外烧伤。这是因为虾尾这个密闭空间内密封有水，水在被油加热后，变成水蒸气引起的。把一整个圆青椒下入油锅中，圆青椒内部的空气膨胀也会引起爆炸。由此可见，炸天妇罗其实是比想象中更加危险的操作。炸天妇罗的油锅一不小心着火时，想要泼水灭火的话，后果非常危险。蒸汽爆炸会导致着火的油星四溅，火势进一步蔓延。

蒸汽爆炸的放大版就是火山爆发。火山爆发有两种类型，一种是融化的岩浆直接喷发出来，另一种则是蒸汽爆炸。此时岩浆上涌至地下水高度，地下水被岩浆加热造成爆发。最近的火山爆发大多是这种蒸汽爆炸。

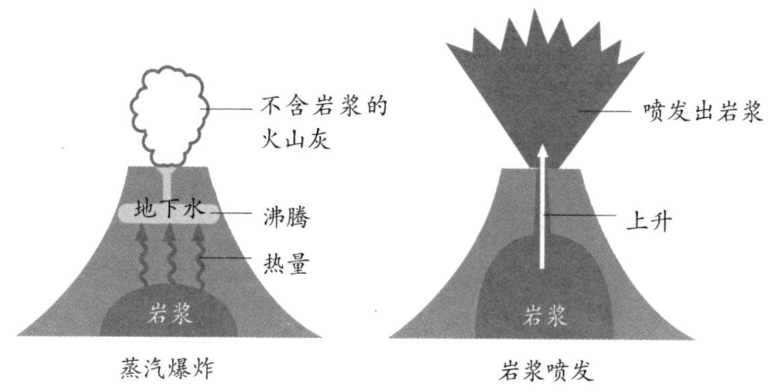

图 7-7 蒸汽爆炸和岩浆喷发

◎**粉尘爆炸**

生活中也有面粉或者砂糖爆炸的案例，乍一听可能很难相信，但如果说煤炭的粉末发生了爆炸的话，相信有部分人应该会恍然大悟。

煤炭的粉末引发的爆炸叫煤粉爆炸，以前在煤矿上时有发生。除了煤炭的粉末以外，只要是可燃物的粉末都有可能造成类似的事故。面粉和砂糖爆炸就属于这种情况。

可燃物的粉末在空气中飘浮的状态叫作粉尘。粉尘遇火会发生爆炸，这种情况一般叫作粉尘爆炸。粉尘爆炸发生在粉尘漂浮的房间、工厂或附近地区，一旦产生电火花就可能引发粉尘爆炸，引爆附近所有的粉尘。

粉尘爆炸的特点是开始爆炸规模小，爆炸产生的气浪会将下方堆积的粉尘向上卷起，造成连锁爆炸（二次爆炸），导致受灾范围扩大。

只要具备相当密度的粉尘、充足的氧气以及火花（或者电）等这几个条件，任何地方都可能发生粉尘爆炸这种危险的现象。

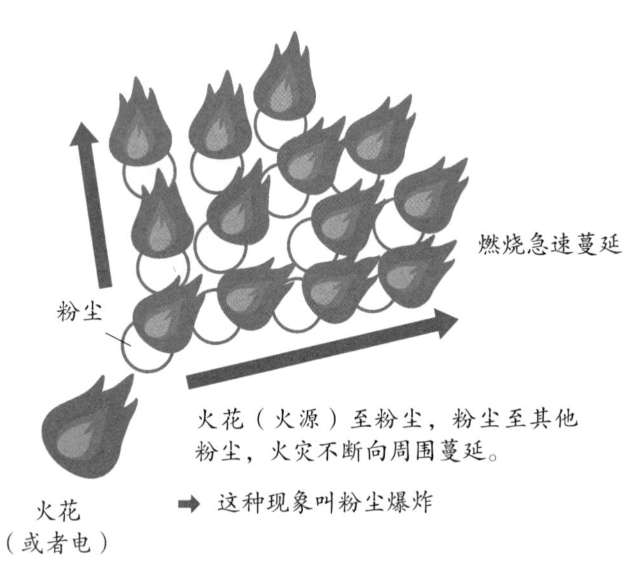

图 7-8 粉尘爆炸的原理

第八章

“金属”的化学

47 金属究竟是什么

以金、银、铜、铁、铅以及铂金等为代表，我们周围存在很多种类的金属。那么金属到底是什么呢？

◎金属的条件

金属元素需要满足以下 3 个条件：

①有金属光泽；

②有展性、延性；

③能够导电。

这三个条件都没有具体的数值，仅仅是定性要求。“有金属光泽”这一条可能还比较好理解；“展性”指的是金属在锤击下能够变成薄片的性质；而“延性”指的是金属能够拉伸成细丝的性质。

例如，1 克的金（Au），可以变成长度为 2800 米的细丝，也能够变成厚度为 1 毫米的万分之一（0.1 微米）的薄片，薄片透明，透过薄片看外界，外界变成了蓝绿色。

金属的特性 1：导电性

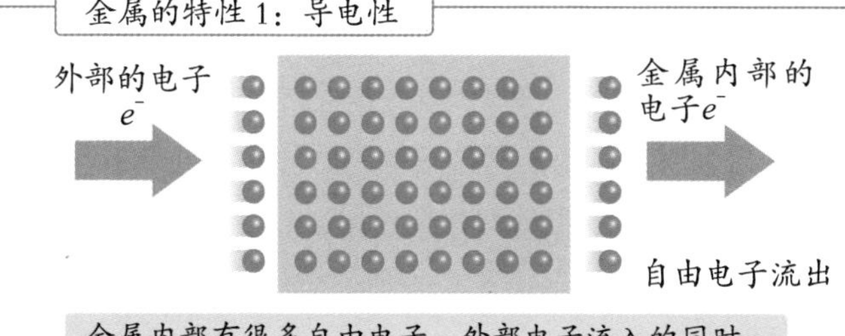

金属内部有很多自由电子，外部电子流入的同时，会有自由电子代替流出，从而保持金属电荷的平衡。外部流入的电子无需穿过金属内部流出

金属的特性 2：展性、延性

展性：可延展成薄薄的薄片状的性质

延性：可拉伸成细长的线状的性质

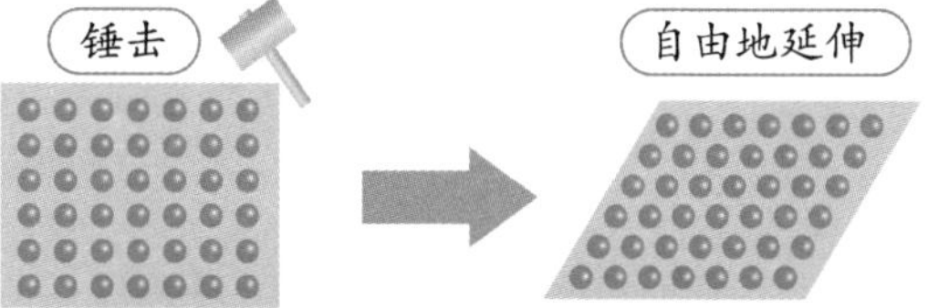

金属键结合不像共价键结合那样具有方向性，因此可以在不破坏金属键结合的情况下移动原子

金属的特性 3：金属光泽

金（Au）的情况下

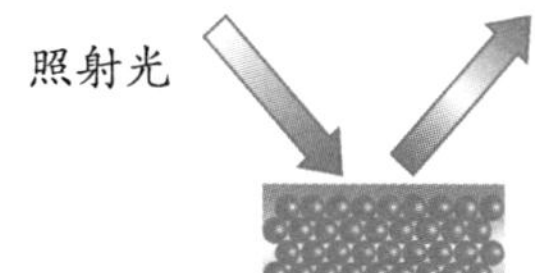

反射光

主要反射比绿色波长更长的黄色光

自由电子吸收比 5000 A（绿色）波长短的光

自由电子吸收可见光之后，又发射出其他的光。金属的光泽就是自由电子反射出的光

图 8-1 金属的 3 个条件

◎导电性

电流是电子的流动。电子从A点移动到B点时，电流从B点流向A点。电子容易移动的物质是传导性高的导体，电子不容易移动的物质是绝缘体，两者之间的叫作半导体。

导体：电子容易移动的物质。

绝缘体：电子不容易移动的物质。

半导体：介于导体和绝缘体之间的物质。

固体的金属是球状的金属离子整齐堆积的晶体。球与球之间填充着被称为自由电子[①]的电子。施加电压时，自由电子会从金属离子的旁边穿过，此时金属离子运动会妨碍传导。

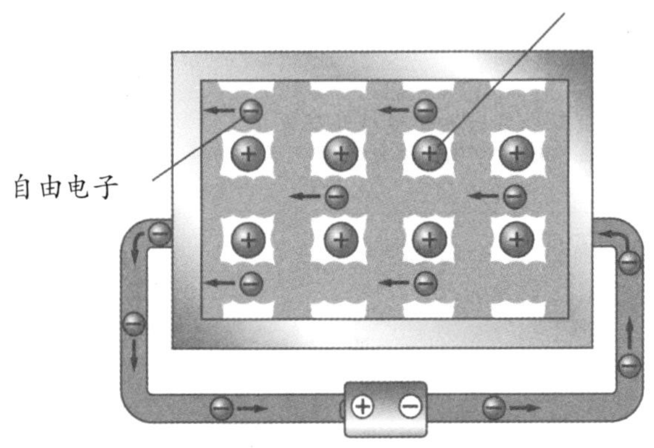

金属内部自由电子会移动，因此固态也可以导电

图 8-2 导电性

① 自由电子指的是物质中不受原子结合的束缚，而自由移动的电子。金属晶体等物质中含有丰富的自由电子，因此是具有良好导电性的导体。而橡胶等物质中不含有自由电子，因此是不导电的绝缘体。

金属离子的运动叫作热振动，因此温度越高，金属离子的热振动会越激烈，电子的移动会变得越困难。[①]

◎超导性

到了一定温度（临界点）后，导电性会无限增大，电阻会变为零，这种状态叫作超导状态。由于在超导状态下没有电阻[②]，因此导线线圈不会发热，可以持续传导高电流，这种可以做成超强力的磁体被称为超导磁体。超导磁体在大脑断层成像的MRI[③]以及利用磁体的斥力使列车悬浮行驶的磁悬浮列车中是必不可少的。

超导磁体的问题点在于临界点。目前临界点在绝对温度左右，也就是 −270 ℃ 左右的极低温。达成如此低的温度需要用到液体氦，氦在空气中的含量非常少，将氦提取出来需要消耗极大的电量。因此，现实情况是目前日本国内的超导磁体全部是从美国进口的。

① 一般情况下，金属的导电性随温度的下降而上升；相反，金属的电阻随温度的降低而降低。

② 电阻会妨碍电流的流动，使部分电能转化为热能。因此，由于流动的电能会转化成热能消失，会给电能带来较大的能量损耗。

③ MRI 是 Magnetic Resonance Imaging 的缩写，是影像诊断方法的一种，利用的是人体中的氢原子会与磁场反应的原理，叫作磁共振成像。

48 金属和贵金属有什么不同

金、银、铂等金属无论过多久都不会生锈。这种具有持久美丽光泽的金属叫作贵金属。我们一起看下贵金属有什么特点吧。

◎贵金属的种类

不易氧化（离子化）的金属叫作贵金属。在珠宝店可以看到店内陈列着种类繁多的贵金属制品。有金（Au）的、银（Ag）的，铂金（Pt）即白金的，还有白色合金（white gold）的。

其中，金、银、铂都是化学元素。元素指的是没有掺杂其他物质的纯粹物质。但白色合金（white gold）并不是元素，是和青铜或者黄铜一样的合金。[①]主要材料虽然是金，但因为混合有银和钯等物质，所以看起来是白色的。

◎珍贵、价格高昂

一直以来贵金属给人以珍贵、价格高的印象，那实际上价格有多高呢?

2020 年 4 月的现在[②]，金价是 6500 日元/克，铂金的价格是

---

① 将几种不同的金属混合在一起，可以得到与原材料性质不同的材料，这就是合金。

② 指本书的写作时间。——译者注

3000 日元/克，铂金比黄金便宜这在历史上是罕见的。一般情况下，铂金的价格要高于黄金。而银价维持在 600 日元上下。但银的价格是以 10 克为单位的，也就是 60 日元/克，是黄金的百分之一，价格便宜。

◎奥运奖牌

提起贵金属，首先想到的应该是奥运会的奖牌。金、银、铜中，只有铜不是贵金属。加上贵金属铂金，按价格排序的话，亚军奖牌应该是铂金，第三名奖牌则应该是银，但这样的话，亚军和季军的奖牌就都是白色的，无法区分了。

金牌虽然叫金牌，但其实并不是纯金制作的，而是镀金。过去直到 1912 年召开的斯德哥尔摩奥运会时，金牌都是纯金的奖牌，但从那之后金牌就变成了银制奖牌上镀 6 克以上的黄金。但这条规定也在 2004 年被废除了，金牌可以根据主办国的自行判断，是否使用纯金的奖牌。

图 8-3 2018 年平昌冬奥会奖牌

49 “18 金（K）”是什么意思

观察金项链或者金杯会发现，上面有 18 金（K）或者 20 K的刻印。这是表示黄金的纯度的符号，纯金是 24 K。

◎金的纯度

金（Au）是一种闪耀着金色光泽的美丽金属，本身非常柔软，因此用纯金打造首饰的话，在佩戴过程中很容易在衣服等上摩擦，损伤其光泽。因此，通常会在黄金中混合银或者铜等其他金属来增加强度。当然，黄金价格昂贵，添加其他廉价的金属也有降低价格的目的。

表示黄金纯度的符号是K，读作karat，和表示宝石重量的符号Ct（carat）（1 Ct=0.2 g）发音相同。纯金是 24 K，表示的是以 24 为分母的分数的分子。因此 18 K金的纯度就是二十四分之十八，即 75%。

	24 K	18 K	14 K	10 K
纯度	黄金 100%	黄金 75%	黄金 58%	黄金 42%
硬度	软 ↔ 硬			
光泽度	强 ↔ 弱			
变色	不变色 ↔ 容易变色			
变形	易变形 ↔ 几乎不变形			
过敏	易发生过敏 ↔ 几乎不发生过敏			

图 8-4 金的纯度

◎金的颜色

金的颜色很容易被认为是金色的，其实金色也分很多种，金和铜混合后偏红色，这种颜色的金在日本叫作赤金。而金混入 20% 以上的银后颜色带绿色，被称作绿金。

此外，金、钯（Pd）及银混合后呈银白色，这一般称为白色合金（white gold），用它制作的首饰非常受欢迎。

◎金鯱[①]

日本名古屋城的天守阁因为顶部装饰的金鯱而远近闻名。天守阁建造初始时，一雌一雄两只金鯱共使用了德川家康下令铸造的庆长大判[②]1940 枚。1 枚大判金约为 165 克，1940 枚共 320 千克。但庆长大判的纯度不高，约 68%（16 K 左右），因此换算成纯金的话约为 220 千克，按照金价 1 克=6500 日元换算的话，220 千克大概是 14 亿日元。[③]

但之后，随着尾张藩的财政恶化，金鯱曾三度从天守阁上被卸下，鳞片被剥下来重新铸造成纯度低的黄金，导致到最后金鯱的光泽变得黯淡，据说为了掩饰这一点，还曾在金鯱四周拉了金网。但后来在昭和二十年的空袭中，天守阁被烧毁，现存的金鯱是昭和三十四年（1959 年）重新修建的，据说一对金鯱共用了 18 K（纯度 75%）的金板 88 千克。[④]

---

① 鯱为传说中的生物，虎头鱼身，尾鳍朝天，背上有多重尖刺。传说中它在发生火灾时会喷水救火，因此常作为守护神装饰在屋脊两端。——译者注

② 庆长大判是日本古时的一种金币。其中庆长是年号，大判是货币类型。除了大判金以外，还有小判金、一分金、丁银、豆板银、铜钱等。——译者注

③ 仅仅 14 亿日元的投资，就使得名古屋在整个江户时代都非常有名，这样一想，宣传效果简直满分。

④ 换算成纯金的话是 66 千克，约 4 亿日元。

50 稀有金属（rare metal）指的是什么

> Rare metal指的是稀有金属，这个词语并不是科学领域的分类，而是受政治、经济等情况影响而产生的分类。

◎什么是稀有金属（rare metal）

Rare metal被翻译为稀有金属，“稀有”是什么意思呢？一般大家很容易把金、银、铂等贵金属认为是稀有的，但其实这些并不是稀有金属。锂电池所必须用的锂、白炽灯中使用的钨才属于稀有金属。

其实稀有金属这一分类，并不是科学领域的分类，而是政治、经济领域的分类。稀有金属是从对某一国家的政治、经济方面是否重要，在本国是否有埋存等角度定义的金属。

◎稀有金属（rare metal）的重要性

从这个观点来看的话，可以被认为是稀有金属的定义和条件已经不言自明了。首先，对现代科学产业有重要意义的金属。其次，埋藏量较少的金属。最后，分离或提取困难的金属。

稀有金属曾经被称为是“现代科学产业的维生素”，而如今被称为“现代科学产业的主粮”，由此可以看出，对现代科学产业来说稀有金属是不可或缺的。但无论多么重要的金属，只要在本国有足够的产量，都不能被称为是稀有金属。金和银在日本不属于稀有金属的原因正是如此。

此外，金属中也有从矿石中分离难度较高的，这类金属也叫稀有金属。

◎一半的元素都是稀有金属?

地球的自然界中存在的元素约有90种，一般来说，被认定为稀有金属的元素有47种，也就是说有一半以上的元素都是稀有金属。[①]我们日常生活中也会接触到稀有金属。例如使电视或者智能手机的画面成为彩色的镓（Ga）、铟（In）等。

① 稀有金属中也包含硼（B）、碲（Te）等非金属元素。硼（B）在国外常常被列为稀有元素，而中国有非常丰富的硼砂矿，因为硼（B）在中国是丰产元素。

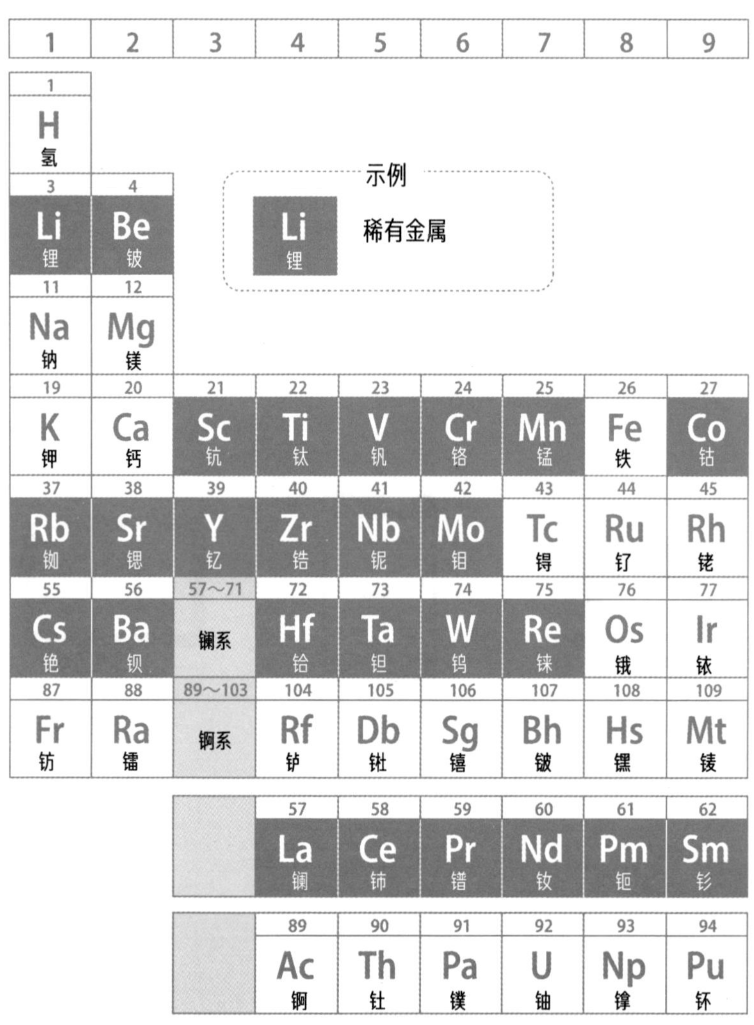

图 8-5 元素周期表和稀有金属[1]

① 稀有金属的界定具有相对性。此处标记的稀有金属为国际一般情况，与中国的情况略有出入。

10	11	12	13	14	15	16	17	18
								2 He 氦
			5 B 硼	6 C 碳	7 N 氮	8 O 氧	9 F 氟	10 Ne 氖
			13 Al 铝	14 Si 硅	15 P 磷	16 S 硫	17 Cl 氯	18 Ar 氩
28 Ni 镍	29 Cu 铜	30 Zn 锌	31 Ga 镓	32 Ge 锗	33 As 砷	34 Se 硒	35 Br 溴	36 Kr 氪
46 Pd 钯	47 Ag 银	48 Cd 镉	49 In 铟	50 Sn 锡	51 Sb 锑	52 Te 碲	53 I 碘	54 Xe 氙
78 Pt 铂	79 Au 金	80 Hg 汞	81 Tl 铊	82 Pb 铅	83 Bi 铋	84 Po 钋	85 At 砹	86 Rn 氡
110 Ds 𫟼	111 Rg 𬬭	112 Cn 鿔	113 Nh 鿭	114 Fl 𫓧	115 Mc 镆	116 Lv 𫟷	117 Ts 鿬	118 Og 鿫

63	64	65	66	67	68	69	70	71
Eu 铕	Gd 钆	Tb 铽	Dy 镝	Ho 钬	Er 铒	Tm 铥	Yb 镱	Lu 镥

95	96	97	98	99	100	101	102	103
Am 镅	Cm 锔	Bk 锫	Cf 锎	Es 锿	Fm 镄	Md 钔	No 锘	Lr 铹

图 8-5 元素周期表和稀有金属（续）

51 金属混合形成的合金是什么

我们的周围存在着很多种金属，但大部分并不是纯金属，都是几种金属混合而成的“合金”。

◎青铜器时代

世界史可以分为石器时代、青铜器时代和铁器时代，现代可以认为是铁器时代的延伸。一般认为公元前3500年至公元前1200年为青铜器时代。在这一时期，人类用青铜来制作各种工具和武器。[①]

由此可见，青铜是人类最早开始使用的金属。青铜是合金，是铜（Cu）和锡（Sn）的合金，英语叫作Bronze。青铜的颜色根据锡的比例不同，可以从金色过渡到巧克力色。

例如，奈良的大佛等，日本的很多金属大佛都是青铜制品，颜色呈巧克力色。但其实青铜之所以被叫作青铜，是因为青铜氧化后，会生成翠绿色的铜锈，颜色会变成翠绿色而得名的。日本镰仓的大佛就是一个非常好的例子。

◎铜管乐团和货币

铜和锌的合金被称为黄铜，英语叫作Brass。黄铜是金色的合

① 文明高度发达的中国利用铁器的时间较晚的原因，有推测认为是中国制作青铜的工艺非常先进，从而没有意识到使用铁器的必要性。

金，研磨后会有像黄金一样的美丽光泽，因此常常用于吹奏乐器。吹奏乐团被叫作铜管乐团也正是因为乐器使用的是黄铜而得名。

日本的货币会用到很多铜的合金。例如，5 日元用的是黄铜，10 日元用的是青铜，100 日元是白铜（铜+镍），500 日元是镍黄铜（铜+锌+镍）。有说法称用铜铸币是因为铜有杀菌作用。

◎新的合金

随着飞行技术的发展，现在对合金的要求也逐渐变成轻便而坚固。钛合金正是基于此要求而研发的一种合金。钛合金是在钛（Ti）①中混合钒（V）和钯（Pd）等金属而成，是战斗机上必不可少的金属。

此外，镁（Mg）中混合铝（Al）和锌（Zn）而成的镁合金由于其轻便而坚固的特性，常用于飞机或汽车的轮毂，以及笔记本的外壳等。

图 8-6

除了上述材料以外，科研人员还开发混合了碳化钨（WC）的超硬合金（铁+碳化钨）、可耐 800 ℃ ~ 1100 ℃ 高温的超耐热合金（铁+钴+钨）、可以耐宇宙超低温的马氏体时效钢（铁+镍+钴）等各种各样的合金。

---

① 钛具有重量轻、坚固、不易生锈等特点。

52 为什么不锈钢不会生锈

自然界建立在化学反应之上。化学反应有很多种，其中最为基础的是氧化和还原反应。金属生锈或者生物呼吸等，在很多场景下都有这两种反应的身影。

◎和氧气的反应

普通的菜刀是铁做的，如果不好好保养或者放置不管的话，菜刀会生锈。因为铁是容易和氧气结合生锈的金属。

铁和氧气结合可以生成三氧化二铁（Fe_2O_3）。三氧化二铁是红色的，一般被称为红锈，表面粗糙易碎，因此锈迹会不断扩散，最终导致铁器腐朽，锈迹斑斑。

铁锈还有另外一种叫作四氧化三铁（Fe_3O_4）的氧化物。四氧化三铁是黑色的，一般被称为黑锈，表面细密硬度高，不易向内部扩散，可以保护铁的表面。这种锈一般称为不活泼态。但四氧化三铁一般不是自然产生的，而是人为对铁表面进行高温加热生成的。

◎氧化、还原的定义

由上可见，原子或者分子与氧结合的反应叫作氧化反应，生成的物质一般叫作氧化物。金属和氧结合的情况下，金属表现为生锈了。把氧化反应、还原反应看作是“氧的交易”就比较容易理解了。

①某种元素与氧结合，此时称这个元素被氧化了。
②相反地，从某个分子中剥夺了氧，此时称这个分子被还原了。

铝（Al）和三氧化二铁（Fe_2O_3）的混合物发生的反应被称为“铝热反应”，因为会发出强光并释放出大量的热而有名。

$$2Al+Fe_2O_3=Al_2O_3+2Fe$$

铝热反应中，铝（Al）与氧结合生成氧化铝（Al_2O_3）。因此根据定义①可知铝（Al）被氧化了。相反地，三氧化二铁（Fe_2O_3）失去氧，根据定义②可知三氧化二铁（Fe_2O_3）被还原了。

◎氧化剂、还原剂的定义

使其他物质氧化的药剂叫作氧化剂，使其他物质还原的药剂叫作还原剂。以氧为基准进行思考的话如下所示：

③给予其他物质氧的物质叫作氧化剂。
④得到其他物质的氧的物质叫作还原剂。

我们根据这个定义再来看下铝热反应吧。其中，Fe_2O_3给了Al氧，根据定义③可知Fe_2O_3发挥了氧化剂的作用。相反地，Al从Fe_2O_3中获得了氧，根据定义④可知Al起到了还原剂的作用。

◎金属氧化物

不仅是铁，除了金、银、铂金等贵金属以外，大多数金属或元素与氧都会发生反应，生产氧化物。一般情况下，岩石或者矿石等物质多是此类氧化物。

除了贵金属等少数金属是以单一金属的状态存在于自然界中，大部分金属都是以氧化物或者与硫黄反应生成的硫化物的状态存在的。因此，地壳中存在的含量最多的元素是氧，其次是硅（Si）、铝（Al），铁（Fe）的含量居第四位。

◎不活泼态

锈是金属和氧反应（氧化）后产生的物质，上文也有介绍除了贵金属以外几乎所有的金属都会生锈，但也分为两种情况：一种是会侵蚀到金属内部，导致金属腐朽脆化的锈；另一种是只附着在金属表面，不向内侵蚀的锈。

后者称为不活泼态。不活泼态的锈结构致密硬度高，因此能够成为保护膜，从而使内部不被继续氧化。最为常见的不活泼态是铝的氧化物三氧化二铝（Al_2O_3），或者一般称为氧化铝[①]。

另外，宝石中的红宝石和蓝宝石都是氧化铝的单晶体物质，夸张点讲跟铝饭盒表面的物质聚合后是同一种。混合有杂质铬的话就变成了红色的红宝石，含有铁或者钛的话，就变成了蓝色。宝石界把除了红色以外的氧化铝单晶体都称为蓝宝石。

---

① 在铝的表面人工析出一层氧化铝的产品叫作“阳极氧化铝”，是日本人发明的。

◎不锈钢不生锈的原因

不锈钢（Stainless Steel）是Stain（锈）+less（没有）+Steel（钢）的意思，是钢中添加其他金属制成的不易生锈的合金。1913 年，意大利冶金科学家亨利·布雷尔利（Harry Brearley）发明了不锈钢，一般来说不锈钢指的是含 13%以上的铬的钢。以高性能著称的不锈钢“18-8 不锈钢”是 18%的铬，8%的镍，其余为铁的合金。

铬和镍都可以生成不活泼态，不锈钢是铬生成一层非常薄但又坚固的钝化膜，防止进一步的氧化。铬的钝化膜非常薄，几乎呈透明状，因此可以直接看到内部金属的金属光泽。正是得益于此，不锈钢才可以维持其完美状态下的独特锐利的光泽。

不锈钢的特点不仅仅是不易生锈，它的耐热性、机械强度也非常高，因此是现代结构材料中性能最为优越的材料。正因为其优越性能，不锈钢还可以用在安置核反应堆堆芯的压力容器上。

非要说有什么缺点的话，那就是相对密度较大，不锈钢的密度是 7.7～7.9（铁的密度是 7.87）。并且不锈钢也会生锈，生锈的话只需要彻底清洗去除锈迹之后再进行干燥就可以恢复如初。清洗无法去除的情况下，也可以把生锈的部分削掉，新裸露出来的金属表面很快会生成新的钝化膜。

马氏体不锈钢	铁素体不锈钢	奥氏体不锈钢
钢 + 铬 13%	钢 + 铬 18%	钢 +铬 18% +镍 8%
耐蚀性：有	< 耐蚀性：好	< 耐蚀性：优
常用于螺丝、螺栓、螺母、剪刀等工具上	主要在室内使用，常用于铰链、扶手、抽油烟机等	可在室外使用，常用于汽车、金属建材等

图 8-7 不锈钢的种类

53 金属着火，非同小可

烧烤的时候，把肉放在铁板上，肉会被烤熟但铁板不会着火。用烤箱烤鱼，金属烤箱也不会着火。那金属会不会着火呢？

◎可以燃烧的金属

如果你认为金属不会燃烧那就大错特错了，大多数的金属在特定条件下会剧烈燃烧。

不知道大家还记不记得高中化学课堂上做过的实验“铁的燃烧”。在广口的玻璃瓶中装入氧气，再放入绒状的铁丝和钢丝棉，把火柴的火焰凑到瓶口后，铁会剧烈燃烧，火星四溅。因此只要具有充足的氧气，铁也是可以燃烧的。

也有和水发生反应被氧化的金属。把米粒大小、质量非常轻的（相对密度为 0.97）银白色金属钠（Na）颗粒放入洗手池的水中，钠会在水面窜动并伴随着“啪啪”的声音燃烧起来。

这是因为钠和水发生了剧烈的反应，钠被氧化，生成氧化钠（Na_2O）和可燃性气体氢气（H_2），氢气在反应释放的热量的作用下又与空气中的氧气发生了燃烧反应的缘故。

$$2Na + H_2O = Na_2O + H_2$$

$$2H_2 + O_2 = 2H_2O$$

钠颗粒仅有米粒大小，因此反应剧烈程度不过如此，如果钠的量非常大的话有可能会导致爆炸。

◎金属火灾

日本岐阜县土岐市 2012 年 5 月 22 日深夜，发生了一场由金属加工公司的原材料镁（Mg）引发的火灾。消防车虽然赶到了现场，但如果向燃烧中的镁喷水的话，会生成氢气进而引发爆炸，因此消防员无法进行灭火工作，只能在镁燃烧殆尽之前，默默守护确保火势不会蔓延至其他地方。最终大火是在 6 天后的 5 月 28 日熄灭的，但熄灭后由于工厂周围持续处于高温状态，实际进入现场确认状况的时间为 6 月 13 日。

$$Mg + H_2O = MgO + H_2$$

除了镁之外，铁（Fe）、铝（Al）、锌（Zn）、钙（Ca）、钾（K）、锂（Li）等金属也能引发火灾。像这种金属火灾，一旦爆发并没有有效的灭火手段。

实验室发生的小规模火灾还可以通过覆盖干燥的沙子隔绝氧气这种“窒息灭火法”来灭火，大规模火灾的情况下这种方法并没有实际操作意义。因此，经常接触金属的人需要有“金属也会燃烧”这种意识并加以注意。

第九章

“原子和放射性”的化学

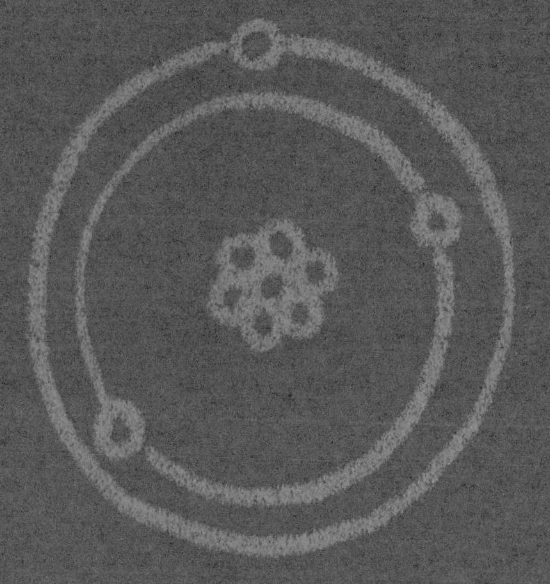

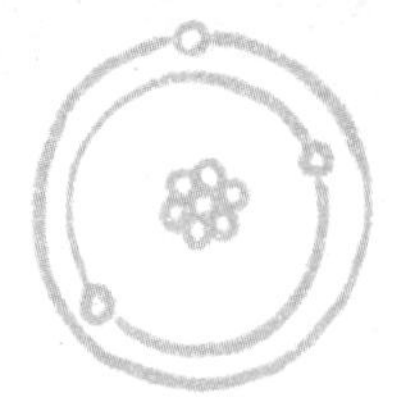

54 什么是原子和原子核

> 我们生活的世界是由物质组成的，而所有的物质都是由原子构成的，原子是构成物质的最基本的粒子。

◎看不见的原子

我们可以看到的所有的物质都是由原子构成的，那么原子究竟是什么呢?

我们想象一下气球、载人气球或者飞艇，它们的内部充入了氦气。去公园游玩的时候，想必大家都看到过时不时就飞到天上去的气球吧。氦气这种气体非常轻，因此可以使气球或者载人气球浮起来。

而且氦气具有沸点特别低的特性。它的沸点是 –269 ℃，具有优良的热冷却性能，因此可以作为冷却剂用于大脑断层成像的 MRI（磁共振成像）或利用磁体的斥力使车身悬浮行驶的磁悬浮列车的超导磁体上，是现代科学中不可或缺的材料，被广泛用于各种领域。

构成如此重要的氦气的是氦原子。但原子是我们观察不到的，哪怕是使用现在最先进的电子显微镜，我们也无法详细地观察到单个原子的形状。[①]

---

① 未来也无法观察到，这是因为量子化学的原理决定了我们无法观察到像原子那样小的粒子。

◎原子像云一样吗

虽说无法观察到，但综合各种实验事实来看，原子可以看作是像云一样的球状物质。云的特点是轮廓不清晰，雾变浓就形成了云，登山遇到雾时，也无法分清哪部分属于雾，哪部分属于云。原子就类似于此。

构成原子的这种云是由带一个单位负电荷的叫作电子的粒子组成的，因此被称为电子云。电子云的中心存在一个非常小但密度非常大的粒子，叫作原子核。

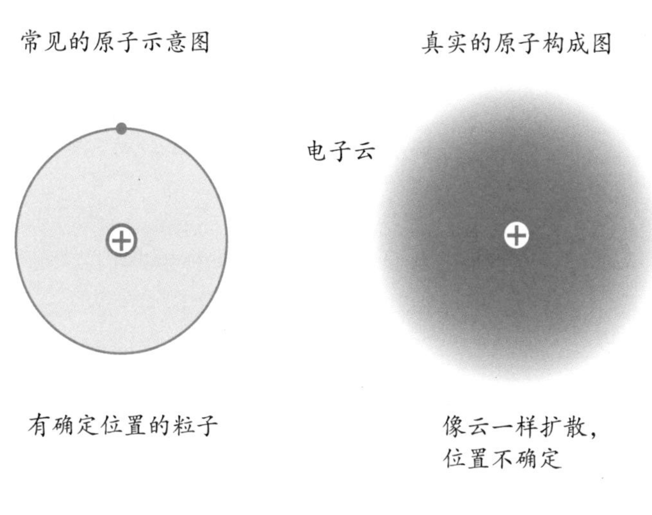

图 9–1 原子

◎原子的大小

原子有像氢原子一样小的，也有像铀原子一样大的，大小不一，但可以认为原子的平均直径大约是 10^{-10} 米。研究纳米级别的微小物质的技术叫作纳米技术，原子的直径是纳米的十分之一，换算成体积的话，是千分之一纳米。

这样说可能并不够直观，假设原子的大小像乒乓球那么大，按照同样的体积比换算的话，意味着原来的乒乓球将会有地球那么大。

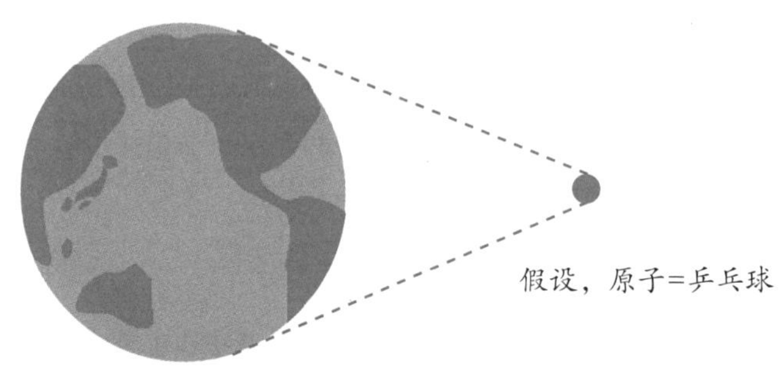

图 9-2 原子的大小

如上文所述，原子是由电子云和位于中心的体积小密度大的原子核组成的。那原子核又是由什么组成的？

◎原子核的大小

原子核的直径约为 10^{-14}米，与直径为 10^{-10} 米的原子相比，原子的大小是原子核的 10^4 倍，也就是 1 万倍。假设原子核是直径 1 厘米的球的话，原子的直径就是 10^4 厘米，也就是 100 米。

简单举例说明的话，假设原子相当于两个东京巨蛋体育馆合并在一起的大小，那原子核的大小就如同棒球投手站立的土墩上放置的弹珠一般。由于原子核的直径是原子的万分之一，按体积计算的话，是兆分之一，大小几乎可以忽略不计。

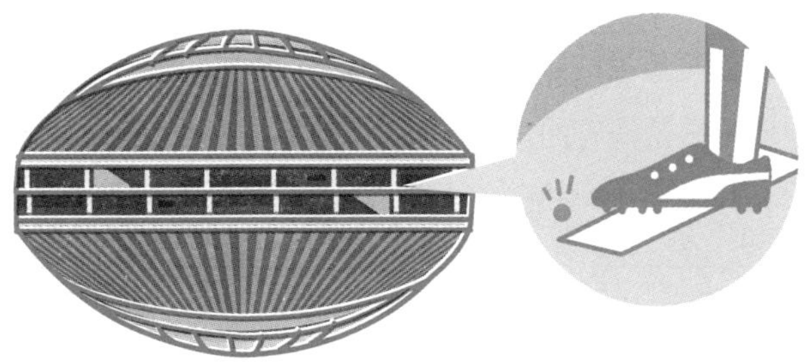

原子
相当于两个东京巨蛋
体育馆合并在一起

原子核
相当于棒球投手站立的
土墩上放置的弹珠

图 9-3 原子和原子核的尺寸对比

但人们发现原子 99.9%以上的重量都来自于原子核，也就是说，原子核是密度非常高的粒子。

与此相对，电子云虽然体积庞大，但没有重量（实体），称它为云恰如其分。但对原子反应、化学反应起决定作用的却是这个电子云。原子核不参与化学反应。[1]

◎构成原子核的粒子

众所周知，这个又小又重的原子核其实是由两种更加小的粒子构成的，质子（P）和中子（N）。质子带 1 个单位的正电荷，重量为 1 个质量单位。中子的重量也是 1 个质量单位，但不带电荷。

构成原子核的质子的个数叫原子序数（Z），质子和中子的个数的和叫作质量数（A），A 按约定以小写标记在元素符号的左上角，

① 但与核反应堆、核能发电或原子弹、氢弹等这些相关的是原子核。

例如^{235}U或^{238}U等。

表示原子相对质量的数值叫作原子相对质量，多数原子的原子相对质量与质量数基本等同。

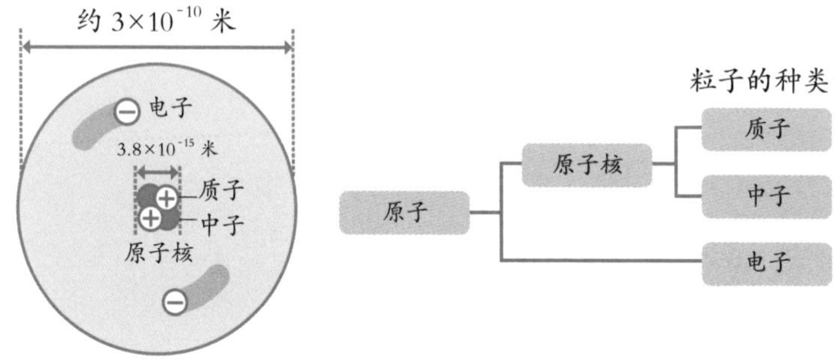

图 9-4 原子的构成

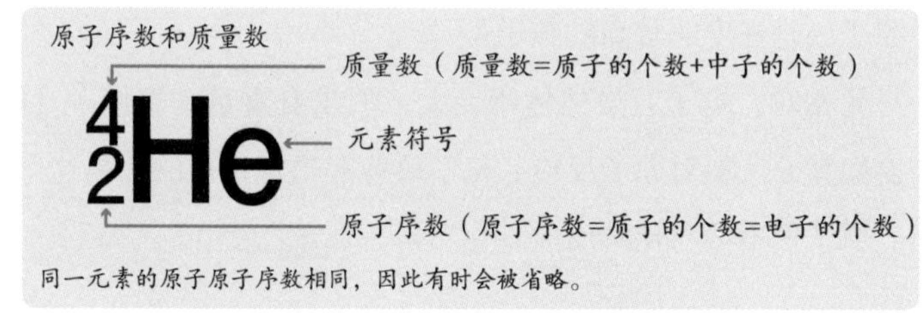

图 9-5 氦原子（He）

原子拥有与原子序数相同个数的电子。因此，原子的电子云带的负电荷是Z^-，与原子核带的正电荷Z^+相抵消，原子整体呈现不带电的中性。

原子中也存在质子个数相同，中子个数不同，也就是Z相同，A不相同的原子，这种原子互为同位素。例如^{235}U和^{238}U就互为同位素。

同位素电子个数相同，也就是说电子云的结构、性质相同，所以化学性质也完全相同，因此会发生完全相同的化学反应。但原子核不同，因此原子核反应也不同。

⊕ 质子 ● 中子 ⊖ 电子

氢原子 ${}_{1}^{1}H$（存在比例 99.9885%）

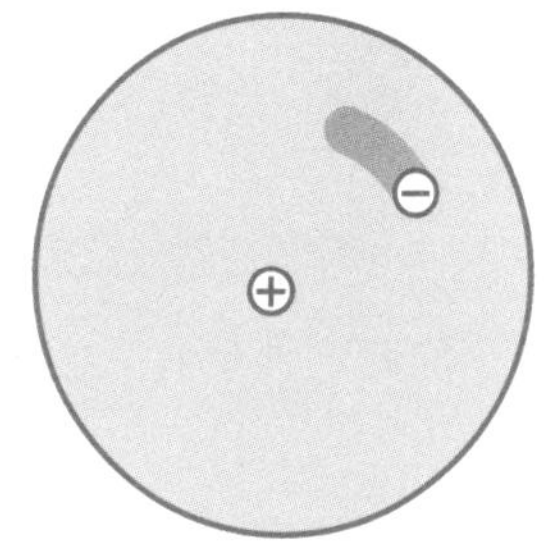

质子 1 个 中子 0 个 电子 1 个
质量数=1+0=1

重氢原子 ${}_{1}^{2}H$（存在比例 0.0115%）

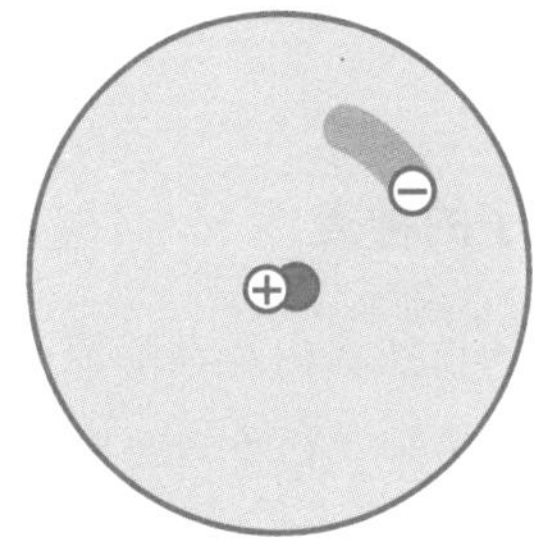

质子 1 个 中子 1 个 电子 1 个
质量数=1+1=2

图 9-6 氢的同位素

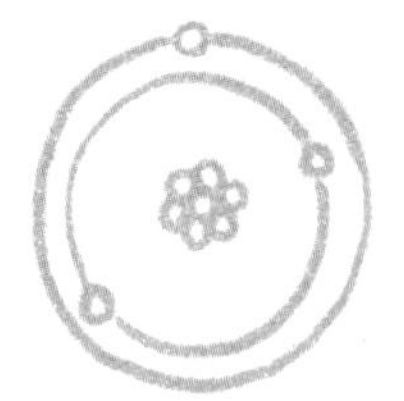

55 原子的种类知多少

> 宇宙中所有的物质都是由原子构成的，物质的种类有无穷多，但构成它们的原子种类却很少。

◎原子的种类

地球的自然界中存在的原子有 90 多种，除此之外也有人类人工合成出的原子，包含这些也仅有 118 种原子。

把所有的原子汇整在一览表上的表叫作元素周期表（如图 9–7 所示）。元素周期表是按照原子的原子序数（大小）顺序排列的，并在合适的位置另起一行。元素周期表的最上方有 1 ~ 18 个数字（族编号），这相当于日历上的星期。例如，族编号 1 下面的原子可以叫作 1 族原子，同族原子有相似的性质，族编号 18 下面的原子也是如此。

◎元素周期表和元素的性质

通过元素周期表可以推测出原子的性质。虽然数量不多，但原子中也有气体原子。除氢原子以外，这些气体原子都集中在周期表的右端。

原子分为如铁、铜、金等的金属原子，和除此之外的非金属原子。非金属原子除了原子序数为 1 的氢原子（H）以外，都集中在元素周期表的右上部分。非金属原子包含氢原子在内也仅仅有 22

种，剩余的将近 70 种自然界中存在的元素都是金属原子。但所有的生命体都是以非金属原子为主体构成的，由此可见，生命体在自然界中是多么特殊的存在。

能够发生原子核反应，为核反应堆提供燃料或为核弹提供原料的元素钍（Th）、铀（U）、钚（Pu）等的原子都集中在元素周期表的最下方，是锕系原子的成员。也可以说集中了原子序数大，或者说“体形”大的原子。

综上，元素周期表清楚地反应了原子的性质、反应性等。

◎相对原子质量

原子是非常小的物质，测量一个原子的重量是非常不现实的，因此规定了各个原子的相对重量，并把它叫作原子的相对原子质量。一些主要原子的相对质量如 H=1、C=12、N=14、O=16。数字非常简单，记忆起来应该也不用太辛苦，记住相对原子质量也会比较方便。

单个的原子虽然非常轻，但很多个原子聚集在一起的话也有一定的重量。虽然数量会非常庞大，但只要聚集一定数量的原子，这个原子团的重量就等于原子的相对原子质量（数字后面加重量单位克）。[1]

---

① 此时的原子个数为 6×10^{23}，因为是化学家阿伏伽德罗发现的，因此被命名为阿伏伽德罗常量。1 个阿伏伽德罗常量集团被称为 1 摩尔。

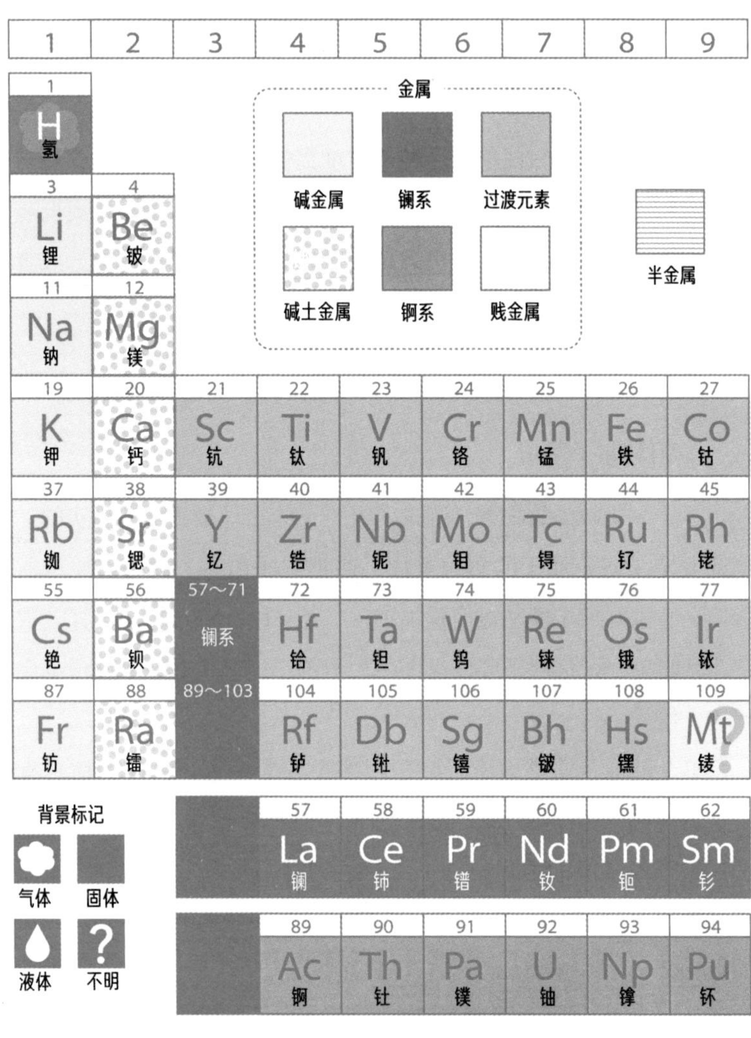
1 2 3 4 5 6 7 8 9
金属
碱金属
镧系
过渡元素
碱土金属
锕系
贱金属
半金属
1 H 氢
3 Li 锂
4 Be 铍
11 Na 钠
12 Mg 镁
19 K 钾
20 Ca 钙
21 Sc 钪
22 Ti 钛
23 V 钒
24 Cr 铬
25 Mn 锰
26 Fe 铁
27 Co 钴
37 Rb 铷
38 Sr 锶
39 Y 钇
40 Zr 锆
41 Nb 铌
42 Mo 钼
43 Tc 锝
44 Ru 钌
45 Rh 铑
55 Cs 铯
56 Ba 钡
57～71 镧系
72 Hf 铪
73 Ta 钽
74 W 钨
75 Re 铼
76 Os 锇
77 Ir 铱
87 Fr 钫
88 Ra 镭
89～103
104 Rf 𬬻
105 Db 𬭊
106 Sg 𬭳
107 Bh 𬭛
108 Hs 𬭶
109 Mt 鿏
背景标记
气体
固体
液体
不明
57 La 镧
58 Ce 铈
59 Pr 镨
60 Nd 钕
61 Pm 钷
62 Sm 钐
89 Ac 锕
90 Th 钍
91 Pa 镤
92 U 铀
93 Np 镎
94 Pu 钚

（a）

图 9-7 元素周期表

10	11	12	13	14	15	16	17	18
非金属元素[①]：贱金属元素；稀有气体元素								2 He 氦
			5 B 硼	6 C 碳	7 N 氮	8 O 氧	9 F 氟	10 Ne 氖
			13 Al 铝	14 Si 硅	15 P 磷	16 S 硫	17 Cl 氯	18 Ar 氩
28 Ni 镍	29 Cu 铜	30 Zn 锌	31 Ga 镓	32 Ge 锗	33 As 砷	34 Se 硒	35 Br 溴	36 Kr 氪
46 Pd 钯	47 Ag 银	48 Cd 镉	49 In 铟	50 Sn 锡	51 Sb 锑	52 Te 碲	53 I 碘	54 Xe 氙
78 Pt 铂	79 Au 金	80 Hg 汞	81 Tl 铊	82 Pb 铅	83 Bi 铋	84 Po 钋	85 At 砹	86 Rn 氡
110 Ds 𫟼	111 Rg 𬬭	112 Cn 鿔	113 Nh 𬭛	114 Fl 𫓧	115 Mc 镆	116 Lv 𫟷	117 Ts 鿬	118 Og 鿫

63 Eu 铕	64 Gd 钆	65 Tb 铽	66 Dy 镝	67 Ho 钬	68 Er 铒	69 Tm 铥	70 Yb 镱	71 Lu 镥
95 Am 镅	96 Cm 锔	97 Bk 锫	98 Cf 锎	99 Es 锿	100 Fm 镄	101 Md 钔	102 No 锘	103 Lr 铹

(b)

图 9-7 元素周期表（续）

① 原文为：“卑金属元素”，中文为“贱金属元素”，但此处介绍的是“非金属元素”，因此译者根据上下文逻辑，将其译为“非金属元素”。——译者注

◎相对分子质量和气体的重量

和相对原子质量一样，分子也有相对质量的定义，叫作相对分子质量。具体来说，相对分子质量等于构成分子的各原子的相对原子质量之和。

例如，氢分子H_2的相对分子质量就是 $1\times2=2$，水分子H_2O的相对分子质量是 $1\times2+16=18$，二氧化碳分子CO_2的相对分子质量是 $12+16\times2=44$。空气是氮气和氧气 4∶1 混合的混合物，（平均）相对分子质量一般认为是 28.8。并且同原子一样，1 摩尔的分子质量也等于相对分子质量（数值后面加质量单位克）。

相对分子质量对气体的重量有重要的意义。气体也是分子的聚集，也会有质量。因为 1 摩尔的气体质量数和相对分子质量一样。[①]在 0 ℃，1 个大气压的条件下，22.4 升的氢气（H_2）的质量是 2 克，氦气（He）的质量是 4 克，天然气甲烷（CH_4）的质量是 16 克，水蒸气（H_2O）的质量则为 18 克，氮气（N_2）的质量是 28 克，空气的质量是 28.8 克。

由此可见，上述气体都要比空气轻，因此它们会向上浮。

而氧气（O_2）的质量为 32 克，二氧化碳（CO_2）的质量为 44 克，硫化氢（H_2S）的质量是 34 克，氯气（Cl_2）的质量是 71 克，它们都比空气重，因此会沉积在地面附近。

① 与气体的种类无关，1 摩尔的气体在 0 ℃、1 个大气压的条件下体积是 22.4 升。

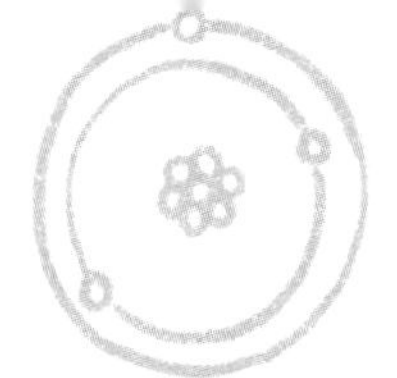

56 核反应是什么

> 原子或分子发生的反应一般叫化学反应，而原子核发生的反应叫核反应。核反应到底是什么呢？

◎化学反应和核反应

原子由体积庞大但重量几乎可以忽略不计的电子云和体积可以忽略，但重量几乎是原子总重的原子核组成。

氧化还原反应或中和反应等化学反应都是由电子云在作用。原子核完全不参与化学反应，只是静静地待在电子云的深处。

但原子核也可以发生反应，这就是核反应。核反应指的是原子核变化成其他原子核的反应，元素变成另外一种元素是一番“翻江倒海”的大动静。

◎炼金术

中世纪时，试图把铅（Pb）这种廉价的贱金属变成金（Au）这种价格高昂的贵金属的炼金术师风靡一时，但之后人们发现元素是“不可能”变成其他元素的，并且这种观点一直延续到 20 世纪初期。因此炼金术师也被看作是诈欺犯的代名词。

但上文介绍的核反应使得元素之间的转变成为可能，现如今已经实现了将汞（Hg）这种贱金属变成金的可能，也就是说炼金术不再只是空想。但这并不代表炼金术成为了赚钱的手段，将汞变成金需要核反应堆，而核反应堆的建设和维护需要庞大的费用。①

◎地球的中心温度

越靠近地球中心温度越高，地球中心的温度约为 6000 ℃，接近太阳表面的温度。

而地球之所以到现在依然是热的，是因为地下持续进行的核反应。燃烧反应这种化学反应是放热反应，同理核反应也是放热反应，并且产生的热量是化学反应远远无法比拟的，因此地球的中心至今依然是炽热的，核反应每时每刻都在持续发生着。

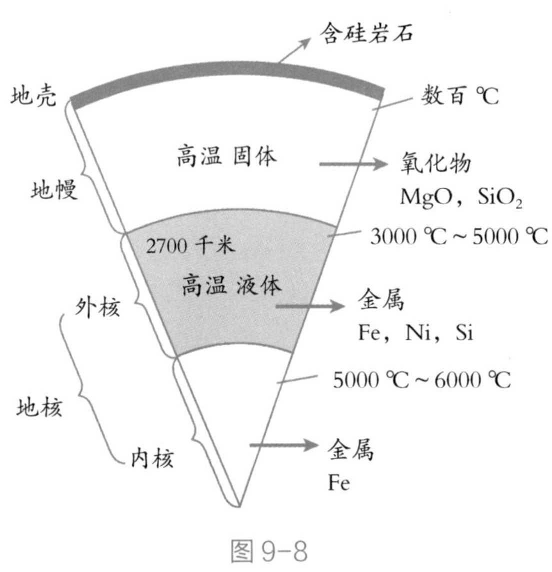

图 9-8

① 核反应堆的建设费用昂贵，一个机组需要花费 1 兆日元，并且将汞变成金需要巨大的费用来维持反应堆的运转，因此通过反应堆制作的人造金的价格将昂贵无比。

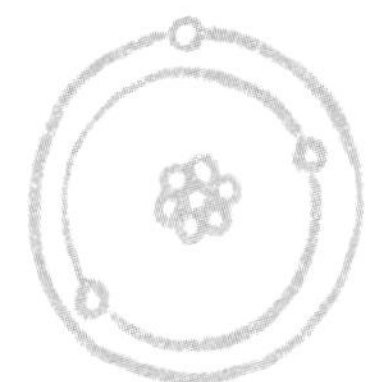

57 核聚变和核裂变有什么不同

核弹利用了核反应。氢弹利用的是核聚变反应，而原子弹利用的是核裂变反应。那两者之间有什么不同？核电站又是利用的哪种反应？

◎原子核的稳定性

原子核有原子序数小的原子核和原子序数大的原子核。图 9-9 所示的是原子核的稳定性和原子序数之间的关系示意图。和一般势能示意图一样，图上方的物质能量高但不稳定，图下方的物质能量低但稳定。

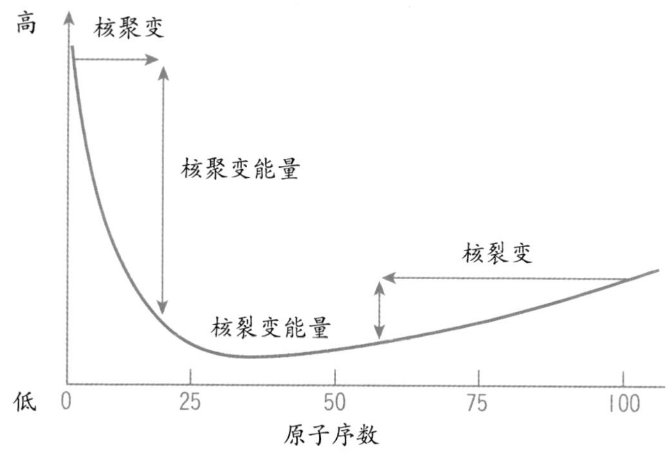

图 9-9 结合能

从图 9-9 可以看出，氢原子（原子序数为 1）这种非常小的原子核和铀原子（原子序数为 92）这种比较大的原子核都是能量高但却不稳定的。稳定的是原子序数为 26 左右，也就是铁及其他。

因此把两颗小原子核聚合在一起（核聚变反应）变成大原子的过程中会释放多余的能量，这种能量叫作核聚变能量。相反，把大原子核破坏掉变成小原子核（核裂变反应）的过程中也会释放能量，这种能量叫作核裂变能量。

◎核聚变能量和核裂变能量

太阳等恒星时刻在发生着氢原子（H）聚合成氦原子（He）的核聚变反应。反应释放出的能量（核聚变能量）是太阳的热和光的来源。换句话说，我们能够生存多亏了核聚变能量。

人类已经成功地人工引发了核聚变反应，用它制造了氢弹这种骇人听闻的破坏性武器。现在各国都在致力于推进和平利用核聚变反应进行发电的核聚变发电的研究。但目前离核聚变发电的实际运用至少还需要数十年的时间。

此外，人类也已经成功地人工制造了核裂变反应。这就是投放在日本广岛和长崎的原子弹。原子弹和氢弹都属于核弹，被称为核武器，但两者的原理和威力大不相同。如果说原子弹的威力相当于 2 万吨的TNT炸药的话，氢弹的威力就相当于 5000 万吨，威力不可同日而语，因此氢弹的威力是人类常用的武器（手枪、机关枪、大炮、导弹等）的化学爆炸威力远远无法企及的程度。

现代科学致力于将核反应（核聚变反应和核裂变反应）运用在以核发电为代表的和平用途上，而非原子弹或者氢弹等破坏性的手段上。

威力大，但需要在高温高压条件下发生

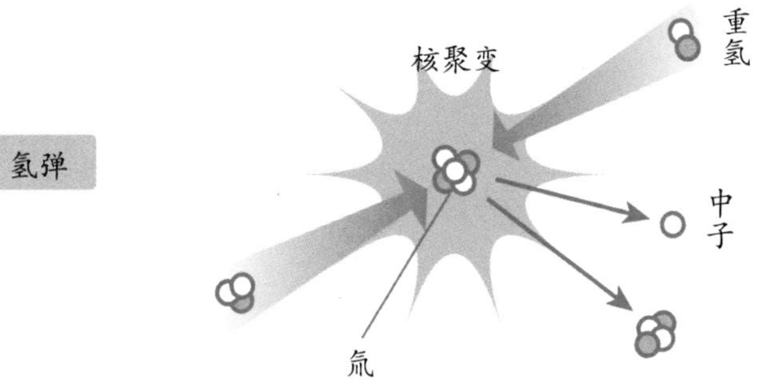

原子核持续裂变，发生爆炸

核裂变

原子弹

中子

中子

铀、钚

图 9-10　氢弹和原子弹的不同

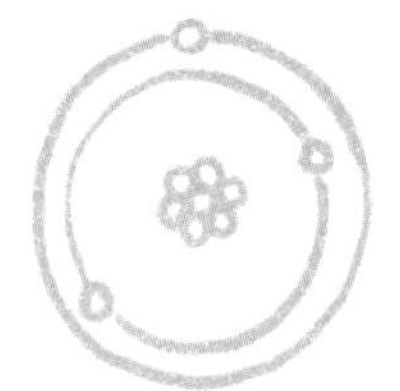

58 铀浓缩指的是什么

日前一些没有核弹的国家开始试图制造核弹。大家应该听过“开始浓缩铀”的新闻报道吧。

◎原子的重量

原子是由电子云和原子核构成的，其中发生化学反应的是电子云。铀原子共带有 92 个电子组成的电子云，因此所有的铀原子都可以发生同样的化学反应。

同样是铀原子，但存在原子核构造不完全相同的原子。具体来说是原子核的重量不同。铀原子存在原子核的相对原子质量为 235 的^{235}U和相对原子质量为 238 的^{238}U。这两个原子具有完全相同的化学反应性能，但核反应的反应性完全不同。较轻的^{235}U能够发生核裂变反应，可以用作原子弹的材料与核反应堆的燃料。而较重的^{238}U不具备核反应性能。

◎浓缩

自然界中存在的铀是这两种铀的混合物，但^{235}U的比例非常少，仅仅有 0.7%。这个浓度无论是用于原子弹还是用于核反应堆，^{235}U的浓度都远远不够。用于核反应堆的话，浓度需要达到 3%~5%，用于原子弹的话，浓度需要达到 93%以上。把 0.7%的浓度提高到百分之几甚至是百分之几十的行为叫作铀浓缩。

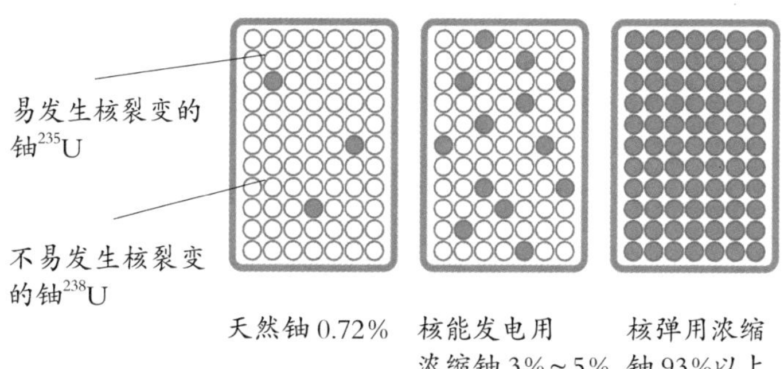

图 9-11 铀的含量

那么如何提高铀的浓度呢？^{235}U和^{238}U的化学性质完全一样，因此无法通过化学反应的方式进行分离，可采取的手段只有通过重量进行分离。也就是说，使铀与气体氟（F_2）发生化学反应，生成六氟化铀（UF_6）气体，之后用离心机进行分离。当然分离一次是不够的，需要经过几个阶段甚至几十个阶段的离心机分离。这就需要高性能的电机，并且会消耗巨大的电量。

通过上述方法将铀浓缩后用来进行核能发电或者制作原子弹，这是目前世界的现状①。

① 日本虽然不进行核弹的开发，但日本的核能发电技术居世界领先水平。

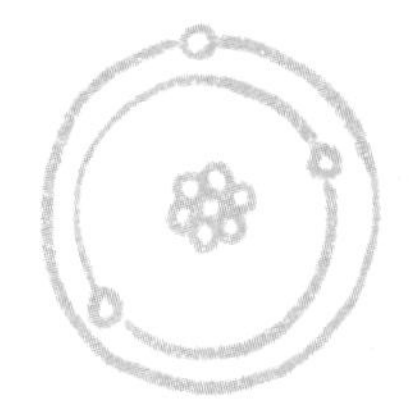

59 核弹和核反应堆有什么不同

核弹和核反应堆都是利用核裂变反应原理。但一个是能够将一切破坏殆尽的炸弹，另一个却是可以产生电力的生产设备，两者的区别在哪里？

◎连锁反应

核裂变反应属于连锁反应。用中子撞击^{235}U，^{235}U原子核会发生分裂，产生放射性废弃物，释放出核裂变能量的同时，也会放出几颗中子。为了便于解释说明，我们假设会释放出 2 颗中子。

之后这 2 颗中子会继续撞击 2 个^{235}U原子核，放出总计 4 颗中子。反应过程不断重复下去，分裂出来的原子核个数就像老鼠生子题[①]中的老鼠一样不断扩大膨胀，最终导致爆炸。这就是原子弹爆炸的原理，这种反应被称为链式反应。

链式反应之所以能扩大，是因为每次核反应放出的中子个数是 2 个，如果只有 1 个的话，核反应会继续维持下去但不会扩大。像这种不会扩大的链式反应叫作可控链式反应，核反应堆中进行的核

① 老鼠生子题：出自日本江户时代和算家吉田光由的著作《尘劫记》。题目大意是老鼠每个月生子一次，每次生 12 只，均雌雄各半，小鼠下月又生小鼠，现有雌雄 2 只，在 1 月生小鼠 12 只，2 月亲代和子代每对又生 12 只，此后每月，子又生孙，孙又生子，到 12 月时共有老鼠多少只。——译者注

裂变反应正是属于这一类。

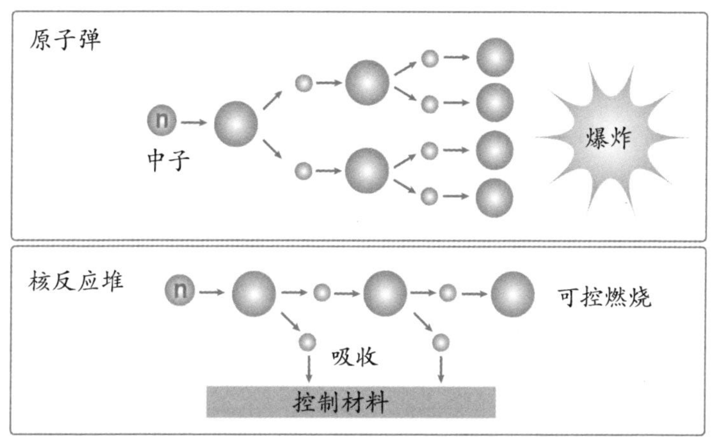

图 9-12 原子弹和核反应堆链式反应的不同

◎中子个数的控制

每次核反应放出的中子个数如果是 1 个，核裂变链式反应是可控型的，核反应堆属于此类。但如果放出 1 个以上的中子，反应属于扩大型的，其结果就是形成了原子弹。

所以重要的是要控制所有中子的个数，如何控制中子的个数非常简单，只需把不需要的中子吸收去除掉即可。发挥这个作用的材料叫作控制材料，控制材料使用的是能够强烈吸收中子的硼（B）、铪（Hf）、镉（Cd）等材料。

◎镉

从日本大正时期起，日本富山县神通川流域流传着一种叫作“痛痛病”的公害病，镉是造成这种公害病的罪魁祸首。

从元素周期表可以看出，镉是 12 族元素，从上到下分别排列着锌（Zn）、镉（Cd）、汞（Hg），由此可见这三种金属的性质类似。以前对于黄铜等合金或镀锌板等的镀层来说，锌是非常重要的金属。从矿山中开采锌时，发现锌中混合着镉，而在以前，镉这种金属没有丝毫用武之地，因此被丢弃到神通川里，成了“痛痛病”的祸首。

但现如今，镉摇身一变成了核反应堆或者半导体中不可或缺的金属。

表 9-1 日本四大公害病

病名	地点	原因物质	摄入途径	影响症状
痛痛病	富山县 神通川流域	镉等	水或者农作物的食用	骨骼软化、骨折、剧痛
水俣病 熊本水俣病	熊本县水俣湾附近	有机汞	鱼贝类等的食用	中枢神经疾病
新潟水俣病	新潟县下越地区阿贺野川流域	有机汞	鱼贝类等的食用	中枢神经疾病
四日市哮喘	三重县四日市市	硫氧化物（SO_2）等的大气污染物	空气呼吸	呼吸系统疾病（哮喘）

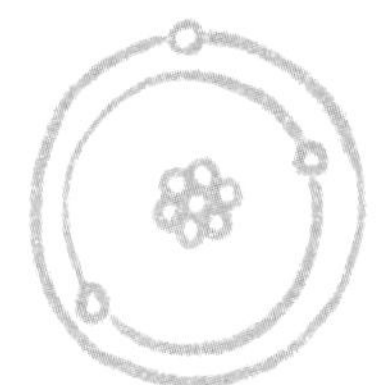

60 核能是如何发电的

核能发电是应该继续还是应该叫停的问题引发了热议。在谈论这个问题之前，我们需要先了解下核能发电究竟是什么。

◎核能发电的基本原理

核能发电指的是在核反应堆装置中进行核裂变反应，利用产生的热量生成水蒸气，将水蒸气导出到反应堆外部，通过带动发电机的涡轮运转进行发电的装置。

这与火电厂在锅炉内生成水蒸气，并利用蒸汽带动涡轮转动发电是完全相同的原理。所以核反应堆听起来似乎很厉害，但其实与火电厂的锅炉起到同样的作用。

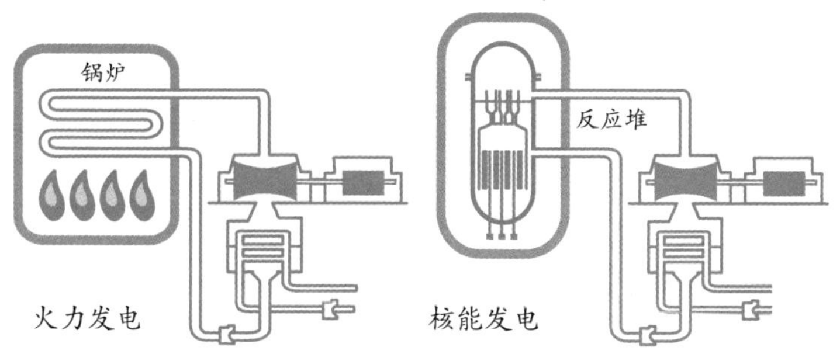

图 9-13 核能发电的基本原理

◎中子慢化剂

上一节讲述了对核反应堆非常重要的材料——控制材料。其实，核反应堆中还有另外一种也非常重要的材料，那就是中子慢化剂。

核裂变反应放出的中子是快中子，其运动速度高达光速的几分之一。但快中子无法与^{235}U发生有效的反应，为了促进反应，需要降低中子的速度，使其变成热中子。

起到这个作用的就是中子慢化剂。要想既不带电荷又不带磁性的中子速度减弱，只有使它与其他物质相撞这一种方法，而用与中子同质量的粒子进行撞击效率是最高的，最适合充当这种粒子的就是与中子同质量的氢原子（H）。因此中子慢化剂一般使用的都是水（H_2O）。可以说，核反应堆中能够吸收中子的控制材料和可以降低中子速度的慢化剂都是不可或缺的。

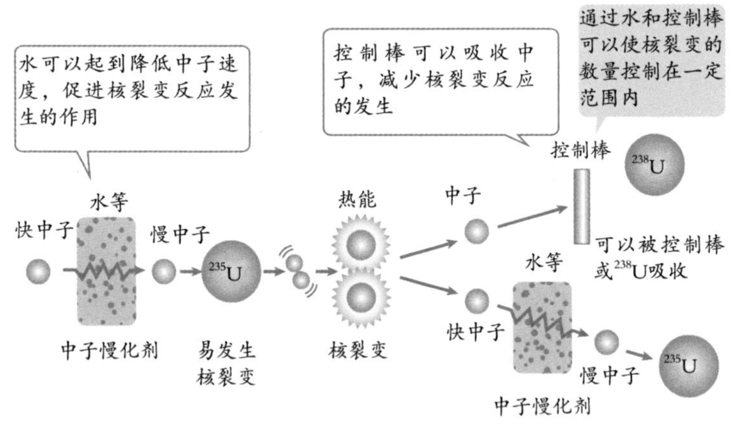

图 9-14 中子慢化剂的原理

◎核反应堆的结构

图 9-15 是核反应堆构造的简单示意图。其中有装填^{235}U的燃料棒和插在燃料棒之间的控制材料（控制棒）。

控制棒插入得深的时候，可以吸收更多的中子，降低核反应堆的反应速度。相反地，把控制棒拔出的话，中子数量增加，核反应速度提高。可以说控制棒兼具了核反应堆的加速器及刹车的功能。

反应堆中注满了水，水吸收核裂变反应产生的能量后被加热，从而变成了水蒸气，被导出到反应堆外部，带动发电机的涡轮转动。同时水还兼具降低中子速度的慢化剂作用。

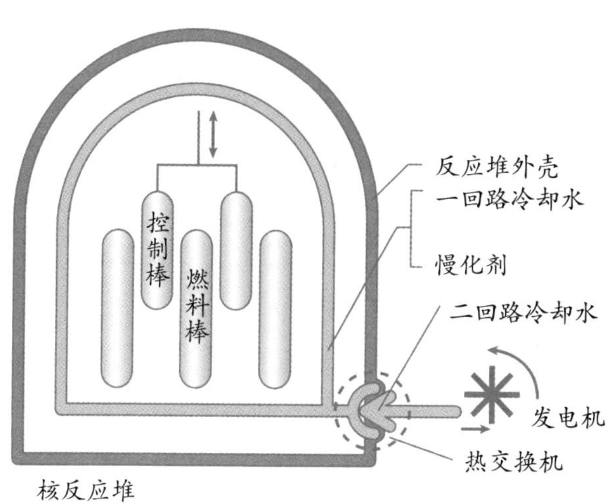

图 9-15 核反应堆构造

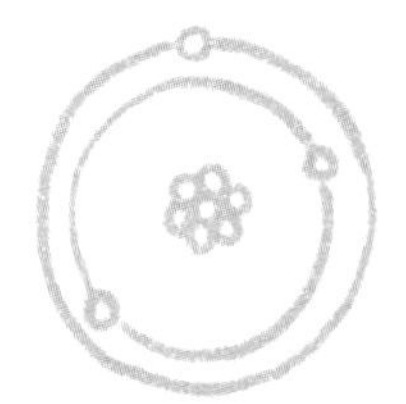

61 放射性和放射线有什么不同

自日本福岛核电站事故以来，我们经常可以从新闻中听到放射性、放射线、放射性物质等相似的词语。这些词语有什么不同，又分别代表什么意思呢？

◎核衰变

人们熟悉的核反应有核聚变和核裂变两种。但还有另外一种重要的反应，那就是核衰变。核衰变指的是原子核发射出小的原子核碎片或高能量电子波，变成其他原子的反应。能够发生如上反应的原子叫作放射性元素，这种反应发射出的原子核碎片或者电磁波叫作放射线，容易混淆的词语是放射性。放射性指的是“可以发射出放射线的能力”，因此只要是放射性元素都具有放射性。假设棒球的投球手是放射性元素，投球手投的球是放射线，放射性指的是投球手可以投球的能力。因此人被球（放射线）砸到会疼，而放射性并不会带来伤害。

◎放射线的种类

放射线具有极高的危险性，如果生物直接暴露在放射线下的话，很容易造成死亡。但也有防御（隔绝）放射线的方法。放射线有几种类型，常见的有以下几种：

α（阿尔法）射线：高速运动的氦原子核，可以用铝箔或者厚纸板隔绝。

β（贝塔）射线：高速运动的电子，可以用几毫米厚的铝板或者 1 厘米左右厚的塑料板隔绝。

γ（伽玛）射线：和拍X光时的X射线一样，是能量很高的电磁波。需要用 10 厘米以上的铅板隔绝。

中子射线：高速运动的中子，即使是厚度 1 米的铅板也不能完全隔绝辐射，但是水能够有效隔绝。

◎核衰变的类型

核衰变不仅在地球内部发生，在我们人体内部也进行着。我们体内有一种叫^{14}C的碳的同位素，它会释放出β射线，衰变成^{14}N。可以说我们随时都沐浴在自己体内的放射线下。

地球内部存在有K的同位素^{40}K，会释放出β射线衰变成^{40}Ca。此外还有铀（U）、镭（Ra）等元素也会衰变，它们衰变时释放出的能量会在地球内部堆积，使地球内部的温度高达 5000 ℃~6000 ℃，形成熔岩状的地幔。

◎半衰期

核反应堆一旦发生事故，容易引起的问题就是放射性物质的泄漏。想必有人听到过半衰期为 8 天的碘 131 或者半衰期为 30 年的铯 137 泄漏到环境中的新闻。那么半衰期究竟是什么？

我们来看下初始物质A变成生成物B的反应A→B。反应开始后，A开始向B变化，A的量（浓度）随时间逐渐减少。经过一定时间后，A的量恰好变成初始量的一半，这时，把从反应开始到此时的时间叫作半衰期。

经过半衰期 2 倍的时间后，A的量变成了一半的一半，也就是四分之一。半衰期 3 倍的时间后，A的量变成了初始的八分之一。A的量随着时间的推移不断减少，其减少的速率随时间变化趋于稳定。

半衰期短的反应速度快，半衰期长的反应速度慢。半衰期长的放射性元素可以在环境或体内长时间残留，其间一直释放出放射线。①

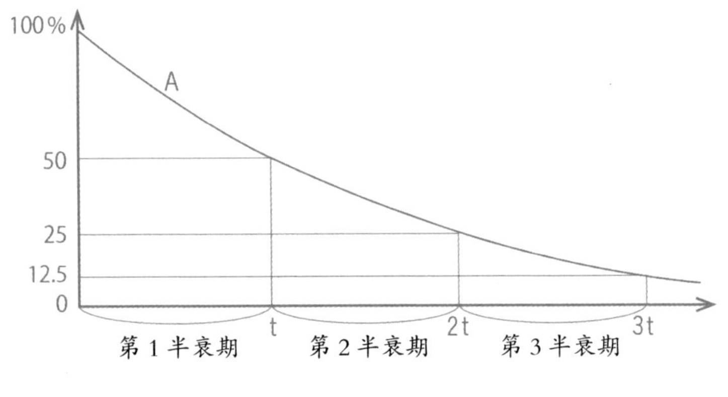

图 9-16 半衰期

◎年代测定

利用原子的半衰期可以进行年代测定。年代测定指的是假设有一个老旧的木雕品，对这个木雕品进行制作时间测定的技术。

---

① 核反应的半衰期千差万别，长的超过 100 亿年（铂 190 的半衰期是 6900 亿年，铟 115 是 4000 兆年），短的仅有千分之一秒（铱 278 的半衰期仅有 0.00034 秒）。

树木活着的时候会进行光合作用，吸收空气中的二氧化碳CO_2。碳中含有一定比例的碳的同位素^{14}C，因此吸收了CO_2的植物内部的碳里也会含有一定比例的^{14}C。

但是树木被砍伐后，就无法再进行光合作用。也就是说空气中新的^{14}C无法再进入到树木中。由于^{14}C是放射性元素，半衰期是5730年，会衰变成N。因此木材内部的^{14}C浓度会不断减少。

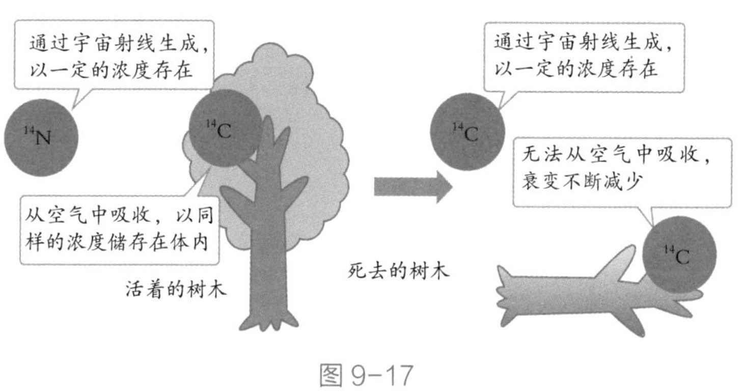

图 9-17

因此，如果木材中^{14}C的浓度是初始浓度的一半，树木是在约5730年前被砍伐的，如果是初始浓度的四分之一，则是半衰期的2倍时间，即1.146万年前。可以以此来推断树木的年代。

但这个测定方法能够成立的前提是空气中二氧化碳所含的^{14}C的浓度不变。地球内部发生的核反应以及宇宙辐射的宇宙射线会持续补充^{14}C的含量，因此已经通过观测确认了^{14}C的浓度不变这一点。

曾有案例对陶器底部残留的糠秕进行了年代测定，测定结果也证实了该陶器是日本绳纹时代的产物。

◎放射疗法

放射线给人以恐怖、危险的印象，但其实并不然。放射线是现代医疗中不可或缺的武器，尤其是常常用于癌症的治疗。

肿瘤是有特殊复制再生能力的变异细胞，消灭肿瘤的办法只有两种，要么是通过手术切除，要么是通过某种办法遏制肿瘤细胞复制再生的能力。

而后者的有效手段就是利用放射线进行放射疗法。特别是使用质子、碳原子核等进行的放射疗法引起了广泛的瞩目。这正是“是毒还是药的区别只在剂量”的最好诠释。被视为洪水猛兽的放射线，只要使用方法得当，也可以成为人们强大的帮手。

第十章

“能量”的化学

62 天然气水合物是什么

> 天然气水合物是沉睡在海底的新型燃料原料，目前备受瞩目。日本首先在渥美半岛近海地区进行试验开采，是日本寄予厚望的海洋资源。

◎什么是天然气水合物

天然气水合物是质地像冰沙一样的白色物体，也被叫作可燃冰。点火后会发出淡蓝色火焰并释放出热量，燃烧后生成二氧化碳和水。

天然气水合物是城市用气的主要成分甲烷（CH_4）和水结合而成的化合物。水是不可思议的分子，氢带正电荷H^+，氧带负电荷O^-。因此水分子的H^+离子和相邻水分子的O^-离子之间有静电引力作用。

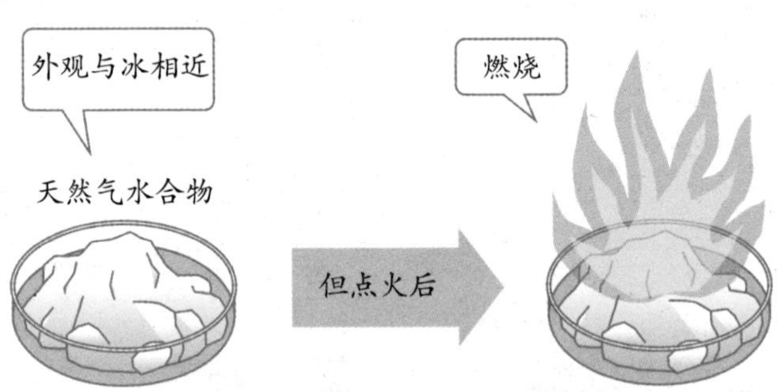

图 10-1 天然气水合物

水的结晶冰体中存在数量庞大的水分子，水分子之间存在上述引力，在引力的作用下，形成了如图 10-2 所示“鸟笼”状的笼状化合物。

图 10-2 中小○代表水分子中的氧原子，大●代表甲烷分子，“鸟笼”的多个笼形之间共用一条边，因此围绕在一个甲烷分子周围的水分子的数量达到 15 个左右。

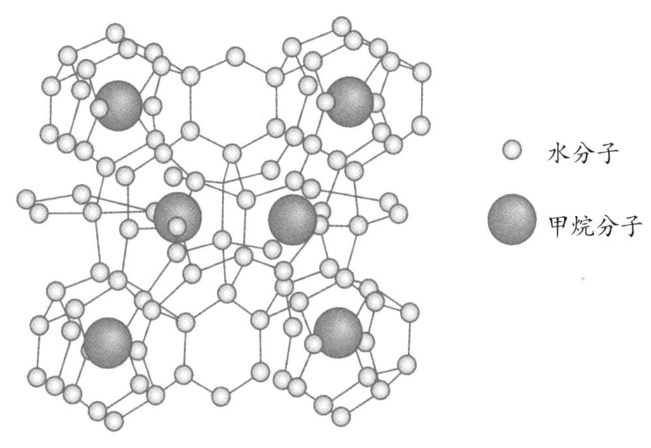

图 10-2 天然气水合物的分子构造

◎**天然气水合物的储存分布**

天然气水合物的产生以及积累需要一定程度的低温和压力，满足这些条件的地点通常位于海底数百米，也就是在大陆架的边缘附近，正是日本所处地理位置的附近。天然气水合物不只分布在太平洋一侧，有说法认为日本海沿岸存储着品质更为优良的天然气水合物，储存量巨大，仅日本近海附近的储量就可供开采 100 年，而问题在于如何开采出来。

天然气水合物如果直接在炉子里燃烧的话后果非常严重。1个甲烷分子燃烧后会生成2个水分子，此时的冷凝已经非常棘手了，天然气水合物燃烧后会在此基础上再生成15个水分子，这样的话，家里面的湿气几乎可以游泳了。

因此开采天然气水合物时，需要在海底进行分解，只开采天然气部分。顺利的话，还可以不分解天然气水合物的笼状结构，只把甲烷部分取出来。

那剩余的“鸟笼”该怎么处理呢？可以把甲烷燃烧后生成的二氧化碳置换进去。这样既开采了燃料，又处理了废弃物，一举两得，目前相关研究正在进行中。

63 页岩气为什么会引发环境问题

进入 21 世纪后，美国开始大规模开采页岩气，造成了美国天然气价格的下滑。

◎页岩气是什么

页岩气（Shale gas）中的“shale”是岩石的一种，在日本被称为页岩（沉积岩）。正如名字中的“页”所示，页岩是由多重薄岩层堆积而成。以甲烷为主要成分的天然气就存在于夹层之中。因此只要破坏岩石释放天然气，就可以进行采集。

早在 20 世纪人类就发现了页岩气的存在，但关键在于如何从地下 2000 ~ 3000 米深的地方把页岩气开采出来。

◎开采

使页岩气的开采成为可能的是 21 世纪美国发明的斜井开采法。这种方法首先挖掘一个垂直到达页岩层的井道，之后再沿着页岩层

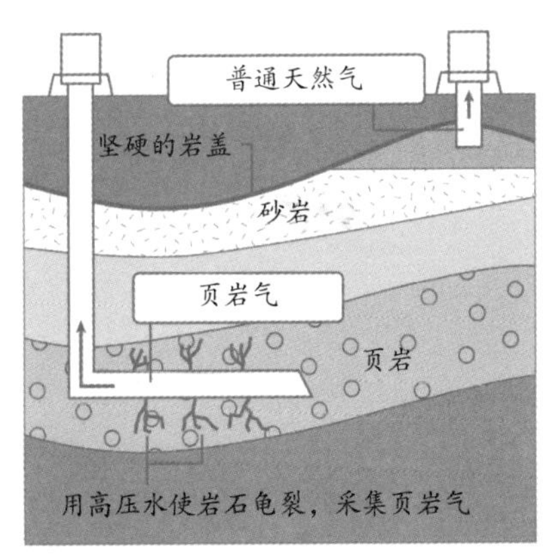

图 10-3 页岩气和普通天然气的开采

斜向挖掘一个井道。但是页岩气是吸附在页岩之中的，井道挖通并不意味着页岩气会自发涌上来，还需要在井道中大量喷射混合了化学药品的高压水[①]，打碎岩石释放页岩气。

◎环境问题

这个方法会破坏页岩层，并且向井道内注入混合了化学药品的水，而这些水又会从附近地区的地下被汲取上来。这会对长期以来保持平衡状态的地下构造带来非常大的冲击，引发的环境问题也是可想而知的，甚至有些开采地区还会发生小规模的地震。有些地区的井水点燃可以着火，这是因为井水中混入了页岩气的缘故。

页岩气并不是以气体或者液体的状态存在的，而是吸附在岩石上的。也就是说页岩气无法移动，在井道中开采也是把附近的页岩气开采完之后就结束了。与普通的气田或者油田不同，无法全部用 1 个井道开采。因此 1 个井道的寿命只有数年，短的话仅仅有 1 年，需要不断挖掘新的井道。这也意味着开采引发的环境问题会不断扩张。

---

① 如果矿井是在海岸附近就用海水；如果矿井是在内部地区，就打一口深井汲取地下水用。

64 化石燃料包含哪些

一般认为化石燃料指的是煤炭、石油、天然气，但真的是这样吗？最近也有新的资源进入人们的视野，甚至有说法认为石油并不是源自化石。

◎化石燃料

化石指的是远古时期死亡的生物遗骸中没有腐烂的部分（主要是骨骼）渗入了岩石成分，并作为岩石的一部分保存了下来的东西。从这个定义可以看出，化石燃料是远古时期死亡的生物的遗骸在地热、压力的作用下形成的。

化石燃料最大的特点就是资源是有限的。因为化石燃料的原料“远古生物”已经灭绝了，化石燃料自然不可再生。以前人们认为煤炭、石油、天然气等是化石燃料，现如今已经追加了天然气水合物（天然气）、页岩气（天然气）、页岩油（石油）、煤层气（天然气）等新的资源。

◎探明储量

由于资源是有限的，因此需要考虑探明资源的储量。探明储量指的是现证实存储的燃料，按照目前的速度开采、消费的情况下可以持续的年数。这个数字其实非常不准确。

现在不断有新的油田被发现和开采，开采技术也在不断进步。另外，随着节能技术的发展，能源的消耗也在不断减少，这意味着探明储量在年年增加。40年前的石油危机时期，石油的探明储量被宣称只能维持30年，而40年后的今天，石油的探明储量被宣称可以维持50年。对年长者来说，这些话听起来就像是“狼来了”。

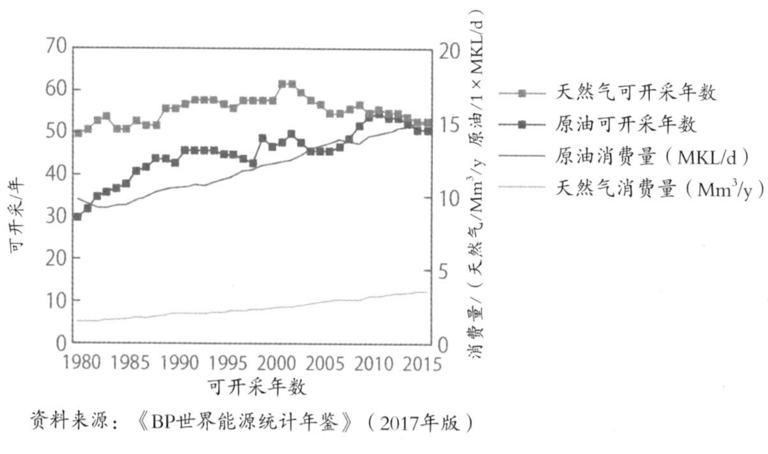

资料来源：《BP世界能源统计年鉴》（2017年版）

图 10-4

◎石油的形成

化石燃料中，人们对煤炭和天然气的形成没有异议，但对石油的形成有异议，有说法认为石油并非化石燃料。

有观点认为，石油是地下的化学反应生成的物质，如果这个理论成立，那现在每时每刻石油也都在地下生成中。而本世纪初，美国著名的天文学家提出了“石油起源于行星”的说法，认为行星在形成之初内部就埋藏了大量的碳氢化合物（石油的原料），之后受比重影响，碳氢化合物向地表上移时，在地热和压力的作用下变成了石油。

最近人们发现了一种以二氧化碳为原料生成石油的细菌，利用这种细菌制造石油的项目已经在筹备之中。石油的真面目和探明储量至今看起来仍然是谜题。

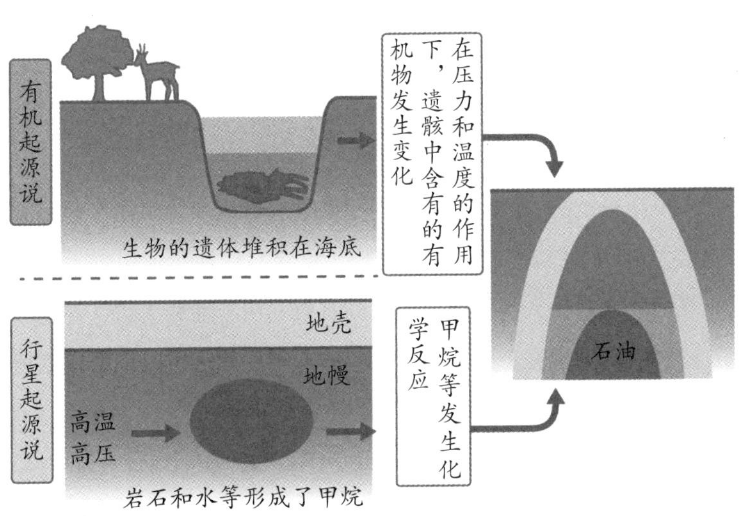

图 10-5 石油的有机起源说和行星起源说

65 什么是可再生能源

我们靠煤炭、石油、天然气等化石燃料构建了现代社会。但近几年“即便使用也不会减少”的可再生能源引起了人们的关注。

◎旧能源燃料

人类在很长的一段时间内，使用柴火或者木炭等植物作为热源和光源。直到 18 世纪时，人类发现了煤炭，这便迅速引发了一场工业革命。之后，人类又陆续发现并有效利用石油和天然气等这些化石燃料一直到现在，这些化石燃料的起源依赖远古时期繁盛的植物[①]。化石燃料燃烧后会生成二氧化碳，不可再生。

◎可再生能源

相对地，现在成长的植物燃烧后会生成n个二氧化碳（CO_2）。但燃烧的植物长出新芽后就会开始进行光合作用，在生长过程中，n 个二氧化碳又会恢复成 n 个碳组成的碳氢化合物。因此，就算把现在地球上生长的茂密植物烧掉，最终还会有与之数量匹敌的植物成长起来。从这个角度讲，植物燃料可以说是可再生燃料。

---

① 可以说是将远古时期的太阳能储存了下来。

可再生能源还有其他类型，真正的可再生能源是哪怕使用了也不会减少的能源。太阳和地球的能源就属于这一类能源。太阳无时无刻不在向地球辐射着能量，因此地球上才会有微风拂过、波浪翻涌。而且地球内部的核反应也在时刻进行中，不断释放出巨大的能量，对于这些能源应该要加以利用。

太阳能发电、风力发电、水力发电等是直接利用了太阳能。而地热发电则是利用地球内部的核反应，水力发电是利用地球上的势能等。这些利用的都是绝不会被消耗殆尽的自然能源，因此这些能源叫作可再生能源。

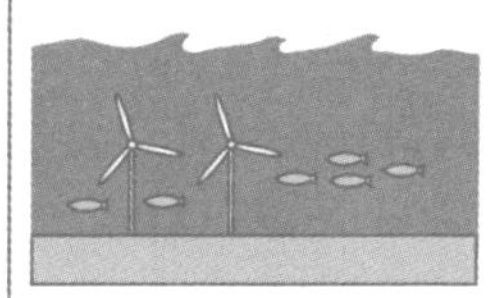

图 10-6 可再生能源

66 太阳能电池是如何发电的

> 太阳能电池越来越普及了。不仅设置简单，不需要维修和定期检查，而且日本还有家庭用不完的电可以卖给政府等鼓励政策。

◎太阳能电池的结构

1 个太阳能电池是 1 片约为 12 厘米大小的黑色玻璃板样式的东西。几块这样的板子排列在一起的平板叫作模组，几个模组排列在一起就是太阳能电池的发电系统。当太阳光照射到玻璃板上时会产生电，电极处会有电流流动。1 个太阳能电池的电动势约 0.5 伏。

家庭用的太阳能电池用的是硅，因此也被称为硅太阳能电池。构造如图 10-7 所示，仅仅是透明电极和金属电极之间夹了 2 片半导体（N型半导体、P型半导体），没有可以活动的部件。2 种半导体都是硅中混合了少量的不纯物，一般称为掺杂半导体。

太阳光照射到透明电极上，穿过轻薄又透明的N型半导体层，到达PN结。此时，此处的电子接收到太阳光能开始运动，穿过N型半导体层到达透明电极层。之后经由外部回路到达金属电极层，穿过P型半导体层后返回，流经外部回路的电子相当于电流。

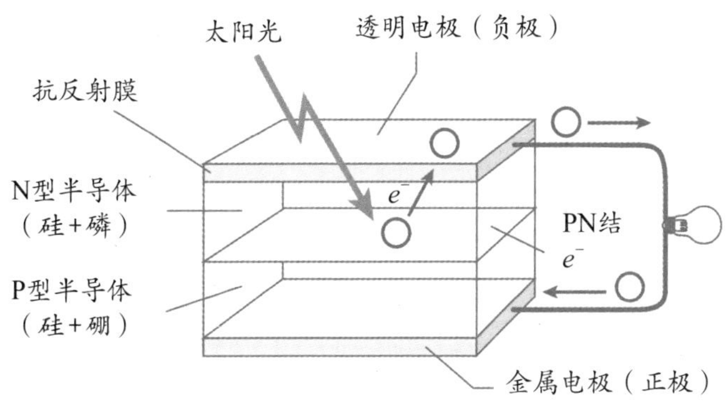

图 10-7 硅太阳能电池构造

◎太阳能电池的优缺点

太阳能电池性能优越，但也不全都是优点，也有缺点，我们分别来看看太阳能电池的优缺点。

优点

①不需要维修和定期检查：太阳能电池没有可以活动的部件，也没有消耗品部件，因此不会发生故障，基本不需要维修和定期检查。

②可以自产自销：可以直接把发电部分和消耗电量的部分连接在一起。例如，可以用太阳能电池做路灯的灯罩，这样发电和亮灯系统可以一体化。孤岛的灯塔如果用太阳能电池的话，无需人进行其他操作，灯塔也可以持续照明。

③不需要输送电的设备：同②一样，太阳能无需在远方发电，因此也就不需要输送电力。不需要输电线路，电力也不会产生运输损耗。

缺点

①价格高。

②转换效率低。

太阳能电池最致命的缺点当属价格高。虽然硅在地壳中的含量很高，没有资源枯竭的担心。但太阳能电池用硅对纯净度有要求，纯净度高达 99.99999%。为了满足该纯净度，需要大量的工厂设备和电能，价格自然高。

此外，太阳光中的光能转换为电能的转换效率也存在问题。现在的转换效率一般是 15%~20%，如何把转换率提高到 50%，这一课题目前在被大量研究。[①]

---

① 可再生能源中，水力发电的转换效率（发电效率）最高，高达 80%，其次是风力发电，约为 25%，地热发电约为 8%，生物发电仅有 1%。

67 氢燃料电池是如何发电的

一般来说，燃料电池指的是把燃料燃烧时释放出的燃烧能转变为电能的装置。其中，使用氢作为燃料的电池叫作氢燃料电池。

◎氢燃料电池的构造和原理

氢燃料电池指的是以氢为燃料进行燃烧，将燃烧释放的能量转变为电能的装置。氢燃料电池可以生产出和补充燃料相当的电力，燃料燃烧完后，发电就会停止。这与以氢为燃料的火力发电厂相同，也就是说，氢燃料电池与其说是电池，不如说是小型可携带发电厂更为恰当。

图 10－8 所示的是氢燃料电池的概念图。在电解质溶液中插入正负电极，给电极分别供应氢气（负极）和氧气（正极），每个电极都有一层铂（Pt）涂层起到催化作用。

负极中，氢气借助催化剂的作用，被分解为氢离子H^+和电子e^-。e^-沿着外部回路（导线）移动至正极，这就形成了电流。而H^+穿过电解质溶液到达正极，H^+、e^-、O_2在此聚集反应生成H_2O，释放出能量。

氢电池的重点在于燃烧废弃物只有水，并且产生的水中没有混入任何有毒物质，可以直接作为饮用水饮用。这点已经通过宇航员的人体实验得到了证实。

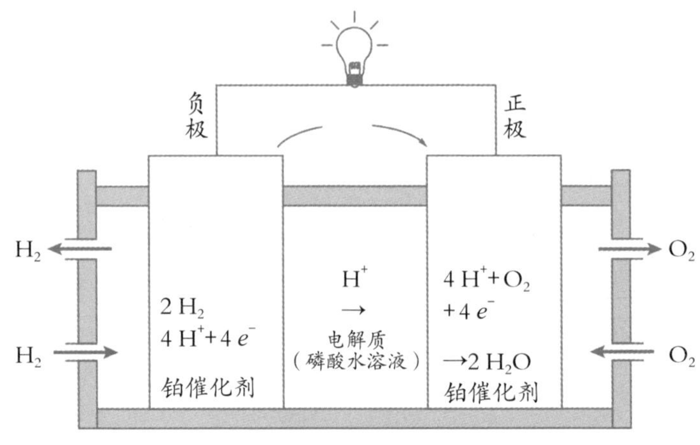

图 10-8 氢燃料电池概念图

◎氢燃料电池的缺点

但这并不意味着氢燃料电池没有任何缺点。

首先，燃料氢气并不直接存在于自然界中，需要人类自行制造。制造氢气的方法有很多，可以通过水电解、甲醇裂解、石油分解等。但这些分解需要用到电，也就是说为了使用氢燃料电池需要用到其他能源。

其次，氢气是爆炸性气体。无须用 1937 年发生的历史性飞艇事故——兴登堡号爆炸焚毁事故来佐证，氢气的恐怖也是众所周知的。很多人都在质疑让汽车装载着如此危险的气体在街上来回穿梭的安全性。并且还涉及加氢站该怎么安置这种基础设施问题。

最后，氢燃料电池需要用到催化剂，目前最为有效的催化剂是铂。铂是昂贵的贵金属，生产主要依赖南非，因此价格高，且价格非常容易剧烈波动。如果氢燃料电池被大规模投入使用的话，在投机者的投机行为下，铂的价格会发生怎样的上涨都是无法预测的。

因此，让社会依赖不稳定因素如此多的能源是否是正确的，这不仅是科学层面的问题，更是政治、经济层面的问题。

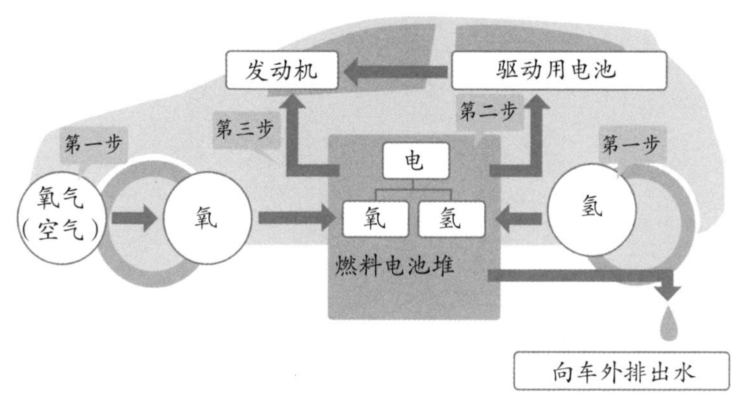

图 10-9